K-POP

韓流 與 他們的產地

金鎮宇 著 陳彥樺 譯

從攻佔國內排行榜
到引領全球風潮，
韓國娛樂經紀公司
如何打造世界級藝人

U0030511

目次

致以培育 K-POP 藝人為目標的人們

培育 K-POP 藝人站上世界舞台，應該怎麼做？

以卓越的眼光挑選將成為明星的藝人、將藝人的能力開發至極大化、管理藝人及製作與投資、宣傳製作內容及接洽各種媒體演出、銷售流通作品、與藝人結算收益與控制支出等等，每一項都不可或缺，全都是為培育 K-POP 藝人所需要做的工作。

除了上述列出的項目以外，還要藝人和作品相關的所有員工們合為一體，組成一個組織性的體制，才能夠成為一家經紀公司。韓國經紀公司最近 20 幾年期間加速成長，現在說是達到頂峰也不為過。

韓國國內有很多經紀公司。以成為藝人為夢想的人增加，想在企劃製作藝人的地方工作的人，即想在經紀公司就業的人也變多了。除了想要在經紀公司上班的人外，對於經

紀公司感到好奇的人也變多了。有好奇經紀公司組織構成和工作的 K-POP 粉絲；也有作為經紀公司的夥伴一起工作的各種行業上班族；也有專攻實用音樂、準備成為藝人或曾經活動過的藝人，失敗後考慮到經紀公司上班的人。或以創業為目標準備的預備經紀公司創業家，或考慮投資經紀公司的人，又或是已經投資的投資人們。

本書是寫給這些人的書。讀者們可以透過本書得知關於經紀公司的必要工作，以及該如何實際引入負責該工作的人才，也能思考關於自己的整體目標。不僅如此，還會發現在舞台上藝人的華麗模樣身後，有著投資數億至數十億元的投資人、訓練栽培他們的人，換言之，就是促進他們商品化，打造真正職業藝人的數名工作人員們。

「打造一組 K-POP 藝人，至少需要 100 名以上的工作人員。」

過去 20 年間，在經紀公司工作，除了想成為藝人的人之外，也遇到很多想成為工作人員，即想要成為打造藝人的人。想要成為藝人，在歌曲和舞蹈等大眾藝術領域需要具備相當優秀的才華才能出道與成功。不僅要有努力，也一定要有天份，如穿針引線般的困難，而且要戰勝激烈的競爭後才能實現。

話雖如此，但也不能說成為經紀公司的工作人員很簡單。不過，工作人員只要以社會人品為基礎，在適合自己職業性格的領域努力，就能與各種職務的各式各樣的人合作，做出好成績。與藝人不能單靠努力與學習的這點相比，確實有差異。

　　這期間看到很多想進入這個圈子的後輩們，雖然有一些人足以馬上開始在經紀公司工作，但大部分的人不知道自己想要在經紀公司裡的各種工作中做什麼工作，也不知道需要什麼樣的能力，盲從地單就因為好奇心或對於明星的憧憬而想要接觸經紀公司。經紀公司裡的工作比你想的還要多樣，各職務要求的能力也稍微不同。然而關於這部分，若在不了解且盲目的好奇狀態下接觸，當然不能有好成績與快速成長。

　　本書包含過去 20 年間從事經紀公司相關事業時學到與感受到的事物，如：在藝人與工作人員之間和他們合作而感受到的困難與煩惱、在大眾與粉絲之間他們似懂難懂的心理、熱賣的甜蜜滋味背後掩蓋的各種鬱悶與擔心持續性問題，以及全部的情感與經驗，融入在每一個章節的職務說明之中，對於實質上的理解相信能有所助益。此外，也會介紹 12 年前 RBW 創業後打造「MAMAMOO」和「ONEUS」等藝人所經歷的實際過程，並盡可能簡潔地整理和概要出這其中難得可

貴的體悟。

　　20 幾歲的時候，曾經認為擁有經紀公司就能幸福。20 年過後的現在，想法稍微改變了。經紀公司對大眾而言，雖然是能夠帶給人小確幸的職業，但它也是一個困難的職業，若不將自己的幸福以另一個次元型態來做準備，一不小心就會丟失。因此，成為經紀公司的工作人員一定要再三思考，要準備的東西很多。希望往後進入經紀公司的眾後輩們看完這本書，有助於在對經紀公司的幻想與實際之間找到本人真正的幸福。

新人開發
ROOKIE
DEVELOPMENT

人事管理與經營資源
HR & MANAGEMENT
SUPPORT

A&R
ARTISTS &
REPERTOIRE

粉絲管理
FAN MANAGEMENT

企劃製作
PROJECT
PRODUCTION

藝人管理
ARTIST
MANAGEMENT

1

新人開發

徵選與訓練

　　新人開發的工作大致分為徵選與訓練，這兩個都是打造藝人的起始點。主要工作內容是從具有可能性的志願生中，挑選出可簽約變成公司所屬藝人的人，並幫助他成長，提供合適的訓練與管理，就好像是將原石磨成鑽石。

　　第一階段的徵選主要的目的，是在有機會成為明星的志願生中找到原石。這即是經紀公司存在的理由，由此可知，它是非常重要的工作。雖然即使進入公司後主動說要在新人開發組工作，也不可能一開始就直接負責徵選的決定，因為徵選的決定權限終究在公司管理階層、製作人（代表）、製片人等能負起責任的人身上。

　　不過，成為新人開發組的工作人員，參與徵選過程中

的面試或審查相關工作時，能從中學到各種好本領。因為會經常聽到評審在面試後對於預備藝人的意見，尤其包括優缺點、往後訓練方向，以及該準備的內容等專業指導。薰陶之下，便能培養成功率高的徵選能力，以及快速找出預備藝人優缺點的能力。這些能力漸行漸長，知道這些參加面試的預備藝人的潛力，即有能力規劃適合且有效的訓練方法和行程，將他們的優點極大化且缺點極小化。

俗話說「好的開始是成功的一半」，徵選是起始點，所以才說是經紀公司的存在理由也不為過，具有非常重要的意義。這也是為什麼對以打造藝人為目標的人們而言，徵選與訓練是非常有魅力的工作。過去，新人開發組的工作是 A&R 的工作之一，但為了提高工作的專業性，現在很多公司將新人開發組另外拉出，獨立成為一個部門。

韓國的 K-POP 藝人出道之前，一般要具備完美的歌聲和舞蹈實力，所以大部分經紀公司的新人開發組都會進行高強度的訓練計畫，長年的練習生時期現已成為藝人們必經的過程。許多青少年練習生在這段期間經歷了身為預備藝人的教育與身為學生的教育，以及學習社會生活適應力與基本人品的刻苦過程。充分考慮這樣的練習生生活，透過適當管理與調整進行有效訓練時，新人開發組及其組員的角色越來越重要。

新人開發組的主要工作從徵選開始，包含到出道前的所有訓練，說是管理出道前的所有事情也不為過。實際的工作如上述，分為徵選工作與訓練過程。徵選工作包括面試的計畫與執行，訓練過程則包含實際訓練與藝人管理，以及各種行政工作，範圍非常廣泛，包括：練習生合約、訓練策略會議與行程、長期評估與評估報告書撰寫、各領域訓練師的邀約與管理、練習生與其父母的教育諮詢會面、學校生活與練習生生活的苦惱諮詢、宿舍生活指導與基礎體力評估健康管理、身為藝人的社會性教育，還有人品檢測與管理等工作。

　　最近，訓練過程還多增設了一項。因為將出道前練習期間的各種過程作品化，藉由作品積極和粉絲團交流是現在的趨勢。因此，如同一種綜藝記錄節目一樣，長期拍攝與編輯練習生的成長過程，並將之上傳到社群軟體、管理留言與回饋，這也包含在新人開發組的工作之中。

　　偶像們最大的消費者是粉絲，成為明星之後，邁向明星的成長過程同樣非常重要。因此，新人開發組的作品化工作日益重要。所以最近出道的藝人、特別是偶像藝人，已經在出道前就開始做出道後要做的事，而這些工作還是在新人開發組裡進行。

面試計畫

　　想要打造世界人氣男生團體的朴代表，雖然認為自己有打造國際巨星的能力，但卻從挑人階段就開始感到茫然。練習生的徵招公告發佈了，但連一個人都沒有來詢問。此時，他最要先做的事情就是面試。與大型企劃公司或電視台一起進行面試，雖然不錯，但也沒有一定必要。只要是能找得到有明星特質人才的地方，無論哪裡都可以去的霸氣、熱情和鬥志更為重要。

面試重要的理由

夢想進新人開發組的人很容易陷入「要是我的話，一定可以比任何人都更快找到好的藝人，並進行短時間的訓練」的思維。但是，一個保障成功並具有傑出資質的新人，不可能像是等待已久似地冒出來。流傳最久且最簡便的徵選方式：街頭徵選，也一樣很難挑到好人才。而且比起才能，更多的是以外貌為主的選拔，成功的可能性就更低了。

最終，最好的方法就是創造一個能夠選出嶄新新人的環境。因此，徵選也要有「企劃」，包括：在哪裡舉辦徵選？如何進行？與誰一起？以什麼為目標？以及如何宣傳與說服投資者都非常重要。好的人才是經紀公司的現在與未來，因此，有效的徵選必然是新人開發很重要的工作。

如果是 SM、JYP、YG 等大型公司，申請者多到僅是審核面試申請書也足矣。可是，對於中小型或新的經紀公司來說，申請者少，所以需要自己製造能選出有能力新人的環境。因此，要吸引多少名申請者來面試，或如何傳出口碑、如何吸引他們的期待感，將是面試企劃的重點。

面試召集海報

想在經紀公司工作的人們之中，很多人因對於選出明星的好奇心與幻想，而想進入新人開發組工作。如一般企業公司的人事組，以他們的立場會覺得擁有龐大的權力，但是新人開發組的工作人員在達到一定資歷之前，通常都只是負責準備選拔而已。雖然很難說年資多少或從哪一個職位開始就能夠參與審查，不過資深工作人員的意見也會是決定者參考的重要指標。除此之外，具體記錄下專屬自己的分數表或優缺點，創造自己專屬的合格標準，也是成為一位熟練新人開發組人才的好方法。累積這些資料紀錄，將有機會獲得超乎期待的升遷機會。

面試企劃

　　最普遍且有效率的徵選方法，是經紀公司自己進行公開面試。要有很多能力優秀的人才報名，公司才有辦法從中選出優秀練習生和預備藝人。因此，面試企劃中特別重視如何宣傳推廣面試資訊。

　　若以龐大獎金或行銷費用為基底，面試當然能很順利地執行，然而現實往往不是這樣子的。想要挑選新人，去很多

音樂人聚集的地方是最簡單且非常有效率的方法。聚集一群對音樂擁有熱誠的人們，在這種場合，遇到人才的機率非常高。

第一個情形是拜訪應用音樂學院，在那裡進行面試。事前與學校商議進行，比任何一種面試都簡單且有效率。將經紀公司明確的評判標準、關於新人開發組的介紹，以及公司的訓練基礎設施等資料化，具體製作面試選拔出後的資源計畫、出道日程和活動計畫等的提案，學校沒有理由拒絕面試邀約。學生成為經紀公司的練習生，出道變有名後，以學校的立場來說，也會是很好的宣傳素材，志願生也能因成為經紀公司的練習生而獲得學習實戰經驗的好機會。

第二個情形是在有應用音樂學科或音樂相關科系的大學或美術高中進行面試。近來，不一定要應用音樂，專攻古典音樂或一般學科的學生之中，也有不少人想成為藝人。所以可以的話，在有應用音樂學科的學校進行，與學校事前討論，不限該學科，而是對所有學科進行面試，提高發掘好人才的可能性。

面試種類

面試大致非為公開面試與非公開面試。公開面試如字面意思，公開參加者進行的面試；非公開面試則是僅有事前協議好的參加者們在指定場所進行面試。簡單來想，看似只有公開與否的差異，但新人開發組對於這兩種面試的進行方式完全不一樣。

① 公開面試

把公開面試想成是一個小型公演的話，就能更輕鬆理解。包含觀眾們（面試參加者們），需要審查人員、舞台輔助工作人員、腳本進行人員、音響與照明工作人員等全部所有人。在進行面試的過程中，可能會有智慧財產權或肖像權的問題，需透過事前簽約來確保往後不會產生糾紛。要跟演唱會或音樂節目一樣做好徹底的準備，所以需要非常縝密的計畫與執行。若進行不順，有可能對公司整體的信賴感或面試進行的真實性產生不好的影響，必須注意。雖然新人開發組一邊準備面試，一邊要做的事情很多，但最重要的是要多方面宣傳、全力推廣，讓更多人來挑戰。活絡面試氣氛也是工作人員該做的事。

利用公開面試人群聚集的特性來進行也是好方法。公開面試不單純是面試的形式，如果與贊助公司或夥伴公司一起舉辦的話，更有機會遇到更多各式各樣的參加者。收到贊助商的訓練支援、出道後的專屬形象代言簽約、訓練期間的設施，或維持健康的減重餐，在宣傳的時候不僅能吸引面試參加者的關注，面試活動整體也會看起來很有規模。製造商或服務公司作為面試贊助商的話，也能成為自家商品與服務推廣的好機會，並獲得支持發掘藝人的好形象。另外，各企業合作宣傳，面試形象也能更有效率，期待正面發展的效果。

② 非公開面試

非公開面試因為不對外界公開，事前需和參加者協調日程，所以大部分的情形只有少數參加者。因此，不用像公開面試那樣準備很多，但過程要從第一輪到第三輪，新人開發組要準備的事情仍然不少。公開面試也能說是第一輪非公開面試的另一種型態。從公開面試中審查各式各樣的參加者，挑選出優秀的參加者，再進入非公開面試，是最常見的過程。

通常第一輪和第二輪面試是撰寫個人履歷的書面資料，進行訪問、影片錄製、相機測試等測驗，幫助評審判斷是否有成為藝人的基本可能。第三輪則是分享給製作人和製片

人，擁有更多的時間做更縝密的判斷。最終合格之後，便會與經紀公司簽下練習生合約，開啟練習生的生活。

　　新人開發組的工作人員要記錄這全部過程，並且要好好保管，不能讓公開或非公開面試參加的志願生個人資訊與影像資料外流。還要索取志願生同意資料保管的同意書，消除往後的紛爭，而這些資料也能成為事後活用的好作品素材。

　　這種好作品素材的範例即為 MAMAMOO 成員華莎和輝人的面試影片。華莎和輝人國中三年級時拍攝保管的影片資料在公司，這份資料在 10 年後成為 MAMAMOO 紀錄片的最佳素材，對於藝人和粉絲來說都是特別的回憶。

RBW 2022 公開面試引導注意事項

＊開始前，在RBW_I社群軟體上傳的接待處位置公告貼文。
＊提早截止時（即使未提早截止），看RBW_I社群軟體狀況，上傳文章。

申請書分配

1. 申請書前段寫下參加號碼／等待時間／應試時間後，分發給申請者。
2. 在寫申請書的地方，儘可能引導填寫（注意原子筆不要被帶走）。
3. 收到寫好的申請書，仔細確認是否都填寫好，並分發號碼牌。
   ＊需要確認是否同意個人資料的收集與使用。
4. 依時間別將申請書分類後，轉交給先導。

申請書分發引導

1. 您好。（寫完申請書前段的號碼和時間後）請確認申請書前段，並請填寫下列全部的內容。
2. 申請領域只能選一種，且讀完個人資料收集同意欄位後，請簽名。
3. （指向申請書填寫的地方）填寫申請書的地方在那裡。

號碼牌分發引導

1. （一邊分發號碼牌）號碼牌請貼在左肩上，請注意不要被頭髮蓋住。
2. 進入試場的時候，一定要脫掉外套才能進去。
3. 輪到面試的時候，請準備30秒自我介紹，審查委員說請表演準備歌曲再開始就可以了。
   （歌唱和說唱申請者的情形）無伴奏一節的歌曲。若無要求追加，請回到本人的座位即可。
   （舞蹈申請者的情形）事先將準備好的歌曲匯入手機，輪到面試時，轉交給技術師後開始自我
   介紹即可。若無要求追加，請回到本人的座位即可。
   （唱作人申請者的情形）準備好樂器後開始自我介紹即可。表演完一節的準備曲後，若無要求
   追加，請回到本人的座位即可。
4. （確認申請書上的等待室入場時間）請在OO時之前回到活動現場即可。

FAQ

- 申請領域只能選擇一種（不可重複選）。
- 唯未滿14歲的申請者，事後必須要收到法定代理人的同意書。
- 面試結果在2至4週內個別通知合格者。
- 歌唱說唱領域的話，不能使用MR與樂器，只能無伴奏進行。
- 不能團體申請，只能個人申請。
- 洗手間一定要引導去活動現場後方〔密碼是「6533」〕。
- 注意外面有沒有吸菸和噪音問題。
- 活動現場裡禁止飲食。

RBW 2022 公開面試引導注意事項

申請者引導事項

1. 確認號碼牌是否貼在左肩，指導他們一定要把頭髮撥到後面。
2. 重新再次說明脫掉外套進試場。
3. 說明進去後30秒自我介紹後，暫時等待至審查委員要求表演（因為相機REC ON/OFF需要時間）。
4. 舞蹈申請者的情形，說明要在進試場之前準備好音樂播放。

確認清單

1. 收到接待處的時間別申請書後轉交給審查委員。
2. 確認舞蹈和唱作人的申請人數後轉達給世正先生。
3. 確認是否有遲到與缺席者後轉達。
4. 事前準備若申請書與號碼牌不足時可以追加印製。
5. 結束後的申請書再次拿回接待處。

FAQ

- 申請領域只能選擇一種（不可重複選）。
- 面試結果在2至4週內個別通知合格者。
- 歌唱說唱領域的話，不能使用MR與樂器，只能無伴奏進行。
- 不能團體申請，只能個人申請。
- 洗手間一定要引導去活動現場後方。
- 注意外面有沒有吸菸和噪音問題。
- 活動現場裡禁止飲食。

成功徵選的五大秘密

　　若天生獨具慧眼，到哪裡都有辦法挖掘到具有明星特質的人才就好了，可惜擁有這種能力的人幾乎沒有。徵選後，經歷練習生時期，直到成為藝人需要花費長久的時間與龐大的費用，因此，徵選必須慎重再慎重。

　　除了自己特別的訣竅與直覺外，挑選到成功性高的藝人有幾個必須要遵守的基本條件。當然，要找到一個具備這些條件的練習生也不是容易的事，不過盡可能找到最接近必要條件的預備藝人是實際又有效率的方法。

　　如果剛進新人開發組不久，可能對徵選過程影響不大，不過看著徵選過程，在其過程中擔任小小角色，體驗過程也是累積訣竅的重要資源。因為努力將每個過程變成自己的東

西，總有一天會成為自己的能力。

尋找未來可能性

　　進行面試時通常會有以外貌選拔的情形發生，單以外貌進行的徵選其實不能說是高手的作法。實際上，在電視選秀節目裡也能常看到有些人外貌不突出也能獲得高人氣，並擁有粉絲團。

　　進行面試時要看的不是現在，而是未來價值，而外貌只是現在，難以看出未來價值。即使外貌出眾，常會有因其他能力實在不足、而無法倚靠訓練彌補的情形發生。因此，要看的不是外貌，而是這個人的專屬魅力，也就是未來可能性，這樣才有可能提高未來出道新人成功的機會。

　　RBW 的女團「MAMAMOO」的華莎和輝人在國中三年級的時候面試錄取，地點是在全州的某一間音樂學院，那是透過事前協議而進行的非公開面試。2010 年那時的華莎可以說是現在的年輕版本，當下便看見她的潛在才能。住在鄉下的國中生的穿著多少稍微稚嫩又有點俗，可是從她正氣凜然的眼神與態度中隱約看到了未來的華莎。因為高強度練習生

時期的訓練和 10 年間在演藝圈的努力，成就了現在的華莎。
不過，當時國中三年級的華莎早已具有現在華莎在舞台與節
目上作為藝人的獨特魅力與優點。輝人也是擁有無人能及的
潛力，當時輝人練習錄音唱的 Stacie Orrico 歌曲撼動了大家的
心。這首歌尤其是副歌部分，唱的時候聲音必須爆發出來，
所以很有可能破音，但年幼的輝人卻面不改色地漂亮唱出這
一段，無法不令人動容。可惜的是，往後的 10 年間，即使到
鄉下舉辦面試，也沒能再次見到如華莎和輝人這般有才華的
人。

　　進行新人開發工作的時候，從現在看見未來的能力非常
重要，因為要判斷出現在看到的這一位歌手志願生是否為一
顆原石，需仔細探究這一顆未經過精工打磨的原石，是否會
在經過打磨後有那麼一點成為如鑽石般美麗的寶石的可能性。

　　藝人徵選的基本工作，是挑選出擁有經打磨後會變寶
石的預備明星。帶著能彌補的缺點，成為明星不成問題；反
之，追求零缺點是不實際的事。徵選需要有從現在的模樣找
出他個人獨特魅力的能力，以及依現在的歌曲舞蹈實力，預
想之後加上訓練、服裝造型和照明後會變成什麼樣的想像力。

產生好奇心的人

潛力十足之後，接下來要判斷是否對這個人產生好奇心。第一輪面試大部分是 60 秒，最長不超過 3 分鐘就結束。因為太短暫，所以可能會認為無法判斷，但對一個專業人士而言，時間非常充裕而且綽綽有餘。因為面試合格與否取決於是否想看更多、還是不想再看，即判斷標準為好奇心的有無。

為了面試合格，出眾的歌曲或舞蹈實力當然重要。不過，更重要的是他們要使別人想要再次看自己的表演。除了展現的表演以外，也要讓人好奇還可以再展現出多少東西，才有成功的可能性。看選秀節目的話，有時候評審會提出「要再來一次嗎？」或「還有其他個人技嗎？」。這些提問不是平白無故提出的，而是真的好奇、想要再看更多。想要再看更多的好奇心，就是隱藏的可能性。

相反的，也有看完 10 秒以內的表演就有不舒服感覺的情形。無論哪一個面向，若表現出過度的油膩感，對方就會感覺到這份油膩，通常就是淪為做作。沒有「自己」的狀態，單純為了吸引視線而做的行為，即使不是經紀公司的專業人士，看了都會不舒服。

如果自己的基本能力足夠，就算演唱其他歌手的歌曲和

舞蹈，也要有能力將表演轉化成自己的，而非單純模仿。這樣評審大眾才會對你有好奇心，要讓人產生好奇心想要繼續看下去，才能往下一個階段前進。

相較外貌，魅力與氛圍更重要

潛力足夠、也令人產生好奇心的話，下一個要看的是這個人的氛圍。歌唱得好或舞跳得好的人太多了，如果沒有屬於自己的氛圍，很難成為明星。

徵選要注意的其中一點就是沒有完美的人。外貌、舞蹈和歌曲全部都很完美的話，這個人「早已」成為明星了。因此，在面試上，相較於舞蹈和歌唱實力，更要著重於是否有魅力或外貌可愛的一面。人不可能整個外貌都很漂亮或很帥，若連做藝人的特質都擁有的情況更是不可能。因此，惹人愛的部分，即判斷是否有魅力是非常重要的。如果能夠快速掌握這一個部分，並在短時間看出來的話，也算是一種能力。

所謂的魅力係指這個人給人的氛圍感。惹人愛的笑容、身高矮但比例好的身材、唱歌時一直引人注目的獨特嘴型、非常協調的手指動作和表情等令人留下印象，或是看出有機

會培養成魅力的小小可能性。抓住這些線頭，不足的部分某種程度上可以用訓練彌補。換句話說，能不能感受到吸引人們視線的魅力、有個性的氛圍或小可愛的一面，是找尋預備藝人的關鍵。

外貌上感覺到可惜的話，也可以考慮整形。最近整形也能算是訓練之一，不需要躲躲藏藏。不過基本上如果沒有屬於自己的特色氛圍、魅力、可愛的感覺，也很難單靠整形彌補。

萬一真的要整形，也是要以補足缺點的方式進行，絕不能以為了要和別人相似為目標。變成像誰的整形是最糟糕的整形，就像身為藝人的個性魅力全部消失一樣，很危險。實際看藝人們的整形案例，整形後失去個人魅力，很容易可以發現他們再也沒出現過在節目或大銀幕上。

安定的聲音與發音

無法輕易倚靠訓練改變的其中一項是聲音和發音。面試時的音樂環境不像錄音室那麼好，大部分都在不能處理回音的練舞室、演講廳或辦公室裡舉行。因此，更要注意聲音

和發音，盡可能的話，降低伴唱音樂的音量，讓人聽到實際的聲音。能找到一聽就覺得耳朵幸福的甜蜜聲音當然是最好的，不過要找到這種聲音很難。所以，首先要找的是至少聽的時候不會感到刺耳，很安定的聲音。

跟聲音一樣重要的是發音。因為方言也有可能是這個人的特色，所以沒有一定要用正確的標準話。就算使用方言，觀察發音是否清楚、帶來的回音是否好聽，是很重要的事。聲音再好，發音若不正確，沒辦法傳達歌詞意思給他人，那就算是擁有優秀的歌唱實力，也很難獲得好迴響。判斷出他人聽到這個聲音後是否心情會好到想一而再的聽，或是否聽到歌聲即平復心情，便能發掘到成功機率高的新人。

擁有自信心與懇切的眼神

即使擁有充分的才華和魅力，若無成為明星藝人的鬥志，依然無法成功。因此，日常生活的時候，眼神非常重要；而在新人海選的場合上，眼神更為重要。如果是具有自信滿滿且能感受到懇切的眼神，那就 OK 了。即使才華或魅力稍微可惜一點，若眼神好的話，也就是具有強大鬥志的話，

也能倚靠訓練和努力彌補。

　　站在人群面前會緊張和發抖是自然現象，可是要怎麼安撫這份緊張感就因人而異。眼神自信滿滿的人輕鬆克服緊張感，有時候反而會帶來更好的結果；反之，眼神搖晃的人因為過度緊張而只能展現出自己能力的一半。輕微的緊張能倚靠訓練來克服，不過有一定的限度，所以眼神可以成長到哪一個程度也算是評判的標準。

　　此外，眼神也要包含真誠。只有成為明星藝人的渴望不足以感受到真誠。理解現在本人正在唱的歌曲或跳的舞蹈，以及發揮出來的想像力與本人的表演一致，這時眼神和表情自然而然會流露出真誠，僅僅是外在表現出放鬆和懇切的樣子是沒有用的。

　　雖然這樣的情形鮮少，不過在大家都覺得是擁有強烈眼神的人們之中，偶爾會有不懂得緊張的人。某些歌手上台把觀眾都當成人偶，說完全不緊張；某些歌手則是說自己被眾人注目很幸福，想要展現更多的表演。因此，他們的眼神或表情表現出無論有多少觀眾，我都毫不在意，穩如泰山，明星不愧是明星。總而言之，先看他的眼神和表情吧。認真看了以後，便能稍微更容易判斷出這個人是否有成為明星藝人的可能性。

面試現場

訂製訓練

　　偶然在路上被徵選的 H 小姐，進行 1 年的訓練出道，6 個月內成為明星，且 1 年內成為國際巨星的故事只會出現在童話故事裡。

　　新人開發組的工作中，與徵選一樣重要且困難的工作是訓練。練習生們的年紀大部分落於 10 至 20 歲，想要做的事情很多、想吃的東西也很多，要他們抑制這些慾望，進行練習與自我管理並不容易。雖然歌曲或舞蹈訓練很重要，但新人開發組工作的綜合管理更為重要。不像一般的補習班只要進行填鴨式訓練就好，不要忘了，他們的積極目標是總有一天成為藝人、簽下合約，培養成長期在一起的同伴。

　　新人開發組一定要確認練習生是否徹底執行訂製的行程

與練習份量。不僅如此，還要確切掌握他們的弱點，針對弱點制定適合他們的訓練策略，以及使他們具備必要的語言素養、基礎體力、社會性、好人品和基本學習能力，萬一不能成為明星，也能作為社會的成員，成為一個平凡的大人。

策略訓練

為了有效的訓練，最重要的就是目標明確。常犯的錯覺是認為像高中三年級考生的時間表般死板的訓練最好。

實際上，現在剛進經紀公司的練習生們也都覺得訓練塞得滿滿的時間表是好的。但是，無條件的訓練只不過是浪費時間，反而會埋沒練習生的優點或是妨礙創意性的練習。因此，透過詳細的事前評估，掌握練習生的優缺點，正確制定有效的訓練策略與行程很重要。

事前評估除了做得非常好和稍微好的以外，還要包括好像可以做得好和做不好的。這樣才能制定要往哪個方向成長的目標，再根據目標進行策略訓練。

訓練雖然是新人開發組的工作，但不可能獨自全部掌握與推進，這時候必須和製作人、製片人等一起評估練習生

的能力，分享意見。除了個人，組成團體的時候也要放在心上。同一團隊的每個成員能力值不同，唱歌有分錄音型或現場型、舞蹈也有分律動舞者或整齊群舞等，故即使在同一個團隊，該接受的訓練也不同。

團隊的成員組成時也要詳細規劃訓練策略。若將相似特色與角色的成員組成一團，那會很難成功。雖然以前能很輕鬆地指定誰是舞蹈擔當、外貌擔當、歌曲前半部擔當、歌曲後半部擔當、氛圍擔當等角色。近期，還要再細分各自的魅力與和粉絲溝通的角色，如：負責團隊之間溝通的成員、一一說明粉絲言論的成員、有條理面對記者提問的成員、英文或外語說得好的成員，以及有點搞怪但新奇的成員等。這裡要注意的是，不能只做好一項。舞蹈、歌唱和外貌皆兼具是作為藝人的基本功，另外還需要詳細的策略訓練累積自我獨特的魅力，讓角色形象更為突出。

最近，K-POP 越來越國際化，為了吸引各國的粉絲，也有另外的策略訓練。英文、中文和日文等外國語言訓練已成了必要元素，此外，翻跳當地明星的舞蹈或用當地語言重新製作 K-POP 編曲藉以吸引那個國家的粉絲，訓練方式越來越多樣化，這是一種趨勢。

現在藝人的舞台已經超越亞洲，甚至到了歐洲和美洲，

錄音室歌唱指導

無國界的持續延伸。如果從練習生初期就開始進行多樣化且詳細的策略訓練，不僅能成功出道，也對於營造自我專屬的藝人形象大有助益。唯獨，要屏棄仿效國內藝人的訓練，如果是為了想要變得跟其他人一樣而模仿，則有可能丟棄自己原本的個性色彩。

重點訓練

在上課的音樂補習班通過非公開面試，第一次踏進經紀公司的練習生 A 小姐，看到負責她的新人開發組經紀人給的訓練週末行程很滿意。因為從早上 7 點起床開始，8 點吃早餐、9 點上皮拉提斯、10 點練舞、12 點午餐，下午 1 點歌唱練習、3 點練舞和 5 點重訓，要做的事情非常多。看著一整天滿滿的時間表，她很期待自己幾個月練習後可以出道。反之，進到其他經紀公司當練習生的朋友說自己的行程很寬鬆，很羨慕 A 小姐。但，現實卻非如此。雖然可能會覺得像 A 小姐那樣努力做很多練習的話可以快速成長，但這不是好的訓練時間表。因為 A 小姐沒有認知到做的好與做不好的部分，只是單純練習而已。練習生的訓練與在學校取得成績不同，

培養自己成為具有魅力的人，以及要有能力知道自己需要哪些部分並努力去培養，像這樣的重點加強便是訓練的最大目標。

上述的練習生 A 小姐雖然盡全力練習歌曲和舞蹈，但這不是全部。為了成為即將出道的女團成員，必須先掌握 A 小姐的目前狀態。試著跳各種舞蹈、唱不同類別的歌曲，找出擅長與不擅長的部分。在測試後的結果，A 小姐雖然群舞不是很好，但在表演可愛乖巧時很有魅力。另外，依歌唱訓練師與製片人的評估意見，她比起安靜的歌曲，更擅長吼叫的唱法，適合當主唱。因此。修正訓練時間表，加入群舞練習和培養個人技的爵士舞蹈，以及訓練使用動圈式麥克風，訓練適應現場唱歌表演。

若要製作有效的訓練時間表，如何利用時間與詳細規劃也屬於新人開發組的工作。1 小時的歌唱練習，2 小時的舞蹈練習，很容易毫無意義的浪費時間。具體訂定目標，如這週要翻唱歌唱女王的一首歌，以及完美翻跳出最近人氣高的舞蹈等，才能高效率善用時間。在這個過程中要告訴練習生他們的個人特色，以及該改善成長的部分。充分練習與過了一段時間後，如果能像面試那樣在舞台上檢測當然是最好的。

若遇到其他公司的練習生或在新人開發組工作的人，不要問練習生做了多少的訓練，問他們以什麼為目標練習吧。

訓練行程表

時間	一	二	三
11:00~12:00	〔團體練習〕 練舞室B (11:00~16:00)	〔團體練習〕 練舞室B (11:00~15:00)	〔個人練習〕 練舞室B 歌唱間1~3，7~9 (11:00~13:00)
12:00~13:00			
13:00~14:00			〔團體練習〕 練舞室D (13:00~16:00)
14:00~15:00			
15:00~16:00		〔評估彩排〕 練舞室B (15:00~17:00)	
16:00~17:00	〔評估檢測〕 練舞室B (17:00~18:00)		〔個人練習〕 歌唱間1~3，7~9 (16:00~17:00)
17:00~18:00	晚餐時間與清潔 (17:00~18:00)	〔評估〕 練舞室B (17:00~18:00)	晚餐時間與清潔 (17:00~18:00)
18:00~19:00	〔團體練習〕 練舞室B (18:00~22:00)	晚餐時間與清潔 (17:00~18:00)	〔個人練習〕 歌唱間1~3，7~9 (18:00~20:00)
19:00~20:00		〔個人練習〕 歌唱間1~3，7~9 (19:00~20:00)	
20:00~21:00		〔錄音課〕工作室 (20:00~22:00) ／ 〔個人練習〕歌唱間1~3，7~9 (20:00~22:00)	〔舞蹈課〕 練舞室B (20:00~22:00)
21:00~22:00			

- 徹底注意上／下班、練習開始／結束、用餐時間和清潔狀態等
- 負責的清潔區域必須每天打掃1次。此外，使用練習室／茶水間／儲藏室後請整理
- 打掃完後必須填寫現況表
- 個人行程（醫院、學校除外）一定要和負責的職員提前商議後再進行
- 訓練與行程相關事項對外保密（禁止向外流出）
- 進行讀書任務
- ○月第○週評估（未定）
- ○月中：作品拍攝（行程未定）

四	五	六
		測量InBody（大會議室）
〔個人練習〕歌唱間1~3，7~9（11:00~13:00）	〔個人練習〕歌唱間1~3，7~9（11:00~13:00）	自律練習（需要練習室時，一定要先聯絡）
〔團體練習〕練舞室B（13:00~15:00）	〔團體練習〕練舞室B（13:00~15:00）	測量InBody（大會議室）／〔團體練習〕練舞室D（13:00~15:00）
〔個人練習〕歌唱間1~3，7~9（15:00~17:00）	〔歌唱課〕練舞室D（15:00~20:00）／〔個人練習〕歌唱間1~3，7~9（15:00~20:00）	〔舞蹈課〕練舞室D（15:00~17:00）
晚餐時間與清潔（17:00~18:00）	晚餐時間（輪替）（17:00~19:00）	晚餐時間與清潔（17:00~18:00）
〔個人練習〕歌唱間1~3，7~9（18:00~20:00）		〔個人練習〕歌唱間1~3，7~9（18:00~20:00）
〔音課〕作室 ~22:00）／〔個人練習〕歌唱間9 練舞室B（20:00~22:00）	〔團體練習〕練舞室B（20:00~22:00）	自律練習（需要練習室時，一定要聯絡）

如果有練習生具體說出這個月目標是創作與某一首歌的 4 分鐘舞蹈並完美規劃舞台表演的話，表示他正在好好地練習。

重要的不是做了很多項目，而是要做一個有目標的項目。除此之外，製造練習生們可以激烈競爭歌唱的環境也是必要的。創造善意競爭的氛圍及想隨便應付了事就不能出道的氛圍，對公司和練習生而言，是一種雙贏。

定期評估（個人、團體）

新人開發組的重要工作之一是練習生們的評估。根據練習生的自我能力制定相符的時間表後，必須要周期性檢測是否有正在朝目標前進。通常有 1 週 1 次和負責經紀人與工作人員進行中間檢測和預備評估；1 個月 1 次和製片人或公司代表等決定權者一起進行的定期評估。透過這樣的評估，練習生們能確立自我方向與目標，維持一定程度的緊張感，即可穩定成長。

個人也好、團體也好，評估表越具體越好。每一個評估表包括訓練時的表現、負責訓練師的作業評估、以週月為單位的完成度評估，以及人品和宿舍生活相關的評估。不僅如

二月第二週評估 | 個人曲評估

2020年2月11日 星期二 晚上7點 | RBW練舞室B

女團練習生

1. **朴志殷** 歌唱＋舞蹈

   歌唱 No tears left to cry (Ariana Grande)
   舞蹈 7 Rings (Ariana Grande)

2. **羅高恩（白藝林）** 歌唱＋舞蹈

   歌唱 Square (白藝林)
   舞蹈 Yonce (Beyonce)

3. **張恩誠** 歌唱＋舞蹈

   歌唱 Bouncin (Kiana Lede)
   舞蹈 Babyface Savage

4. **曹敍榮** 歌唱＋舞蹈

   歌唱 Thinking 'bout you (Dua Lipa)
   舞蹈 Don't let me down (The Chainsmokers)

5. **毛利小雪** 歌唱＋舞蹈

   歌唱 Randy MO$$ (Kid Ink)
   舞蹈 Fearless ones （與其他3人）

6. **朴秀珍** 歌唱＋舞蹈

   歌唱 Say Something (The great big world)
   舞蹈 Senorita (Camia Cabello)

每月一次的定期評估表

二月第二週評估 | 個人曲評估

朴志殷 Park Ji Eun

聲音：No tears left to cry（Ariana Grande）
舞蹈：7 Rings（Ariana Grande）
年齡：24歲（1997年生）　　　　**身高**：168公分
體重：49.8公斤

Comment

羅高恩 Na Go Eun

聲音：Square（白藝林）
舞蹈：Yonce（Beyonce）
年齡：22歲（1999年生）　　　　**身高**：160公分
體重：45.2公斤

Comment

張恩誠 Jang Eun Seong

聲音：Bouncin（Kiana Lede）
舞蹈：Babyface Savage
年齡：21歲（2000年生）　　　　**身高**：163公分
體重：47.4公斤

Comment

二月第二週評估│個人曲評估

女團練習生

曹敍榮 Cho Seo Young

聲音：Thinking 'bout you（Dua Lipa）
舞蹈：Don't let me down（The Chainsmokers）
年齡：19歲（2002年生） **身高**：163公分
體重：48公斤

Comment

毛利小雪 Mori Koyuki

聲音：Randy MO$$（Kid Ink）
舞蹈：Fearless ones（The Quiet與其他3人）
年齡：19歲（2002年生） **身高**：164公分
體重：48.7公斤

Comment

朴秀珍 Park Su Jin

聲音：Say Something（The great big world）
舞蹈：Senorita（Camia Cabello）
年齡：18歲（2003年生） **身高**：165公分
體重：62.6公斤

Comment

此，這份評估要與負責訓練師、新人開發組工作人員、製片人和製作人共享，持續付出關注與關愛，才能獲得練習生們的快速成長與好結果。

新人開發組工作人員與練習生們有非常親密的關係。透過定期諮商，了解練習狀況如何、宿舍生活或練習生之間有沒有問題，並好好管理。練習生們裡有很多情感強烈的人，所以真心的關心與關愛對他們的練習投入程度有很大的幫助。聽他們說話，腦海浮現的許多想法最後也有可能變成好的作品內容。

一定要透過定期諮商，提前知道練習生之間的衝突或問題點並努力去解決。常會出現單人表現不錯，但在團體裡無法發揮實力的情形，這時雖然有各種原因，但大多來自於成員間溝通不足。因此，團體間的溝通問題必須藉由諮商來解決。如果放任不管，漸漸惡化，整個團體就完蛋了。

曾經我跟團隊合作不好的練習生們進行諮商，要求他們親自和團隊成員一起規劃舞台設計。從這個過程裡便能得知誰是積極、誰是消極，以及誰有領導力。偶爾雖然會有小爭吵，不過藉由消除衝突的過程，獲得寶貴的機會，發掘到之前未能察覺的優缺點。有時候，實際完全不相合的兩個人成為一組，亦可產生增效作用，創造出意外的好結果。

相較能力，溝通與訓練者的資質

　　新人開發組基本上的角色是依練習生的實力來制定適合
的訓練策略，以及協調練習生和訓練師的行程等負責製作及
執行整體訓練計畫。這時候的訓練師們可以說是親自幫練習
生們上歌唱和舞蹈課，甚至一起規劃舞台動線，培養藝人所
需的實務技巧或能力的專家。新人開發組的工作人員也扮演
著分配導入最佳訓練師的角色。

　　新人開發組分配訓練師給預備藝人的時候，有一件事
不能忘記，那就是即使在自我領域擁有出色的履歷，也不能
保證他能百分之百成功訓練練習生。訓練師該具備的條件之
一，第一個是溝通。無論哪一個領域，與一起工作的人進行
溝通是很重要的事，在練習生與訓練師的關係裡，溝通也一

樣非常重要。再來，訓練師還要具備一顆積極的心，和練習生一起煩惱與努力，幫助他們展現出擁有的優點。另外，也需要主動性的開放心態，進行獨斷性的訓練，並因應趨勢變化規劃訓練。

經紀公司的練習生是一顆即將成為專業藝人的原石，但還不確定他們是否能夠出道及成功，處於一個充滿不安的狀態。因此，他們需要一個能夠激發自信心、庇護他們，一起努力並擁有一顆溫暖愛心的訓練師。

由此可知，新人開發組要選的不是很會教的訓練師，而是能與練習生溝通，共同研究更好的音樂、帥氣舞台的訓練師。唯有如此，才能提高練習生們的可能性與成功機率。

訓練師的選擇

指導練習生的訓練師有可能隸屬於公司，也有可能是定期聘僱或招聘的自由工作者，無論是隸屬公司或另簽契約，練習生和訓練師的溝通非常重要。因為訓練師要懷抱情意地教導練習生，且要讓練習生相信訓練師並跟隨他，才能有機會獲得好成果。最終，訓練師的基本是溝通、誠實和真誠。

只有以此為基礎，訓練師的技巧和技能才能正常發揮作用。

　　依上述，大多唱歌厲害的訓練師不等於歌唱訓練就能做得好，舞蹈實力出眾也不等於成為一個好的舞蹈訓練師。即使是實力稍微不足的訓練師，若能夠詳細正確判斷與說明練習生不足的部分，並要求反覆練習至完美，對於練習生的成長更有幫助。不管實力多優秀的練習師，若少了誠實與真誠以協助練習生提升實力，對練習生都沒有幫助。

　　例如一位擁有卓越歌唱實力的練習生，訓練師可以嚴格指出過度自信表達的部分並使其穩定，以及綜合提高優點，使聲音更襯托出優美，這樣的練習會更有效。雖然練習生的自信心一方面是好的，但另一方面也有變成毒藥的可能，因此，適當調整、穩定冷靜維持好狀態的練習也要持續地做。除此之外，訓練師不僅要找出練習生自信的部分，也要深入思考連他自己也不知道的聲音魅力，進行反覆錄音和各種類型的實驗性翻唱，並能傳授在舞台上熟練的從容是最好的。

　　沒有必要全部練習生都是主唱，故訓練歌唱實力並非第一名的練習生時，方式也要有所不同。與其進行高強度的歌唱練習，找出能夠解決的部分並集中練習，幫助他完成自己的歌唱部分是更好的方式。即使唱不了高音，也能協助找到小節裡的低沉聲與發音最好的音域。在這部分訓練師可以說

是著實扮演了重要角色。

　　根據類型與狀況，也要有不同的訓練師。因此，新人開發組要有各種領域有實力的訓練師履歷，將合適的訓練師分配給每個練習生。

　　當然，不是分配適合的訓練師給練習生之後就認為沒事了，以新人開發組的立場去評估訓練師是否進行有效的訓練也很重要。這如同大學生對教授所做的教學評鑑，新人開發組或製作人也要從練習生的立場出發。然而，有一件事不能忽略，那就是訓練師有很高的機率本身也是藝人。比起藝人，經紀公司的訓練師雖然更接近工作人員的角色，但也有可能是曾經的藝人或現職藝人。因此，相較於剛硬和理性的指示或指揮，充分掌握他們的特性，以委婉的溝通與對話探討練習生的未來與夢想，維持網絡關係更為適當。

舞台，準備實戰吧

　　在練習室發揮比誰都優秀實力的 B 先生，一到了舞台就和平常判若兩人，緊張導致實力無法發揮。雖然建議他像練習時那樣做就好了，但建議只是建議，B 先生因為緊張，總在

最後一刻被淘汰，無法脫穎而出。包含 B 先生自己，大家都覺得可惜，但要克服這樣的困境並不容易。

舞台上的實力，這就是練習生和藝人的差別，舞台上做得好不好是分辨專業的標準。練習生為了成為藝人，必須不斷地進行實戰訓練，消除緊張感並領悟到享受舞台的方法。於是，實戰訓練的一環，是不事前告知的舞台練習。偶爾為了能更真實地演練，會請觀眾進場或使用麥克風、照明、擴音器等。練習生理所當然會慌張，不過適應預想不到的狀況也是必要的訓練，因為實際出道走上舞台的時候，每次的狀況都不會相同。

舞台每次都不一樣，除了大小與高度之外，照明、擴音器、觀眾等沒有一個是一樣的。如果每次都因為要適應新事物而感到緊張，便無法成為專業人士。因此，還在練習生的時候就要充分進行實戰訓練，在何時何地都能具備一定水準的舞台實力。為此，偶爾需要製造非舞台或練習室的各種特色環境，有時候關掉伴唱音樂、有時候在陌生空間進行突擊表演，甚至故意選一個觀眾沒有反應的舞台，也能視為一種「膽量訓練」。熟悉陌生舞台或突發狀況，是作為藝人一定要具備的能力。

在錄音室和演唱會現場的環境下，歌唱實力確實可以

快速成長。在錄音室裡，不僅能集中精神聽自己的聲音和歌曲，意識到錄音室外有人關注也是訓練的一部分。一再反覆錄自己歌唱部分而感受到的挫敗感，以及解決後領悟到的小技巧，這些都能造就成為藝人的真正實力與扎實的功夫底子。

在演唱會上，配合伴奏者們唱歌也像在錄音室那般，是能夠快速掌握自己優缺點並成長改善的方法。因為本人的失誤會造成他人的損害，所以合演是一個令人緊張且困難的事。而且，因過度的自信心導致一人單獨表演突出，或因過度超前的行為破壞舞台的和諧，最後會毀掉整體。學會與各伴奏者四目相接並一起和諧地完成唱歌表演舞台，才能成為真正的藝人、真正的專業人士。所以，像是可以合演的合唱室、演唱會現場等地方是最好的練習場所。加入觀眾，更會是一個很棒的練習。

為了練習生的成長，第一個最好的方法，是上述所提的翻唱其他歌手的歌曲。因為不斷地聽同一首歌，了解這個參考範例並跟著唱，即可確切知道自己的能力。第二個方法，是試著唱大家不曾唱過的歌，因為知道這首歌的人只有作曲家和唱歌的你，你唱的每一句都在提升創意。第三個方法，則是以自己的風格理解作曲家的指導並吸取經驗。重新解讀作曲家的意圖，以與指導不同的方向去演唱的話，雖然說服

他人的過程困難，但也是重要的訓練。

　　有一個令人印象深刻，有關歌唱指導的小插曲。某個作曲家向一位以歌唱實力聞名的歌手指導說「橘色」或「宛如划槳般」，然後這位歌手真的唱出橘色、划槳般的感覺。聽到如此模糊的指導，還能夠確切唱出那個感覺，與其說是天生的才華，更有可能的是他經歷了很多各式各樣細微表達的練習。看著新樂譜唱新歌不是一件簡單的事，理解其中的意圖更是困難。跟著作曲家或訓練師的指導練習錄音，到整個製作的過程，每一項都是實力提升的最佳途徑，也是新人開發組必須一起前進的路。

與舞蹈、歌曲、才氣同樣重要的人品和常識

　　透過選秀節目贏得人氣的藝人裡，因為就學時期的問題而無法出道的例子時有所聞。以粉絲的立場雖然覺得可惜，但這是對本人過去負起的責任，誰也不能抱怨。經紀公司的練習生也是一樣的，在高競爭率下突破重圍成為練習生，練習了幾年，如果在出道之前爆出不好的事件，不太可能輕易恢復名譽。

　　藝人是一個創造好名聲，並以那個名聲受粉絲喜愛的職業。因此，有責任向粉絲們帶來正向影響。所以選拔練習生的時候，人品是非常重要的判斷因素。假如在徵選面試過程中得知過去犯了人品相關的大錯或疏失，則必須重新檢討是

否要錄取。若不仔細了解，將來可能在出道後成為大問題。

比起才華，人品更重要

　　相較舞蹈、歌曲或才氣，更為重要的是人格。觀察時要看的地方很多，基本的包括家庭生活與父母朋友的關係，還有性格有沒有稜角、是否具備基本禮儀，以及有沒有具備一般人的社會性。換言之，一定要看基本人格是否合乎道德。

　　確認過人格沒有問題後，出道後的維持管理也是新人開發組該做的工作之一。通常開始練習生生活的年紀落在十幾歲，所以大多還未形成完全的社會性，有可能會發生說話失誤或突發行為，因此，必須要進行正確思考的人格教育。

　　除了練習生之外，也要與練習生的父母保持溝通，仔細管理在家和學校的生活。目的將子女栽培成藝人的父母，偶爾會有過度關心或干涉的情形發生，不過這是他們愛子女的心，以及想要幫助他們成功的後援。新人開發組要依父母的特性維持適當關係與溝通，並持續關照他們在家庭學校是否有好好生活、是否有健康問題，以及在練習生生活中有沒有不為人知的壓力。

生活管理

　　假設有一個結束長時間的練習生時期並完成組隊即將出
道的女團,她們為了成功出道與生活,團隊合作是必須的,
故也一定要有一起生活的過程。不過一群正處於敏感年紀的
藝人們在同一地方、而且是很多位一起生活,不是一件很容
易的事。況且,住宿生活的意義等於生活和行程都在公司,
所以藝人和公司都需要慎重考慮。雖然住宿生活的優點是可以
24 小時監控,但也因為如此,有很高的可能性會發生問題。

　　在 RBW 公司,除了離家太遠無法上下班的人之外,只有
簽訂所屬契約或某程度確定出道的成員需要住宿。分配負責
住宿生活的員工,連減重的食譜和日常生活都要仔細管理,
以及教育他們要誠實且負責任地執行規劃好的行程。

　　雖然說是要仔細管理,但他們正值想做的事和想吃的東
西五花八門的年紀,實際上要嚴格管理很困難。因此,住宿
生活裡最常出現因為吃而產生的問題。例如,不遵守香蕉、
地瓜、牛奶、豆腐等減重食譜,偷偷吃零食被發現,不僅於
RBW 是如此,在各家經紀公司裡也是一而再、再而三發生的
事情。

　　練習生們各個都已經很苗條漂亮了,但仍經常要很辛苦

早餐	玄米飯、烤雞胸肉、當季涼拌菜、水煮花椰菜
中餐	玄米飯、烤雞胸肉、高麗菜甜椒沙拉、酪梨
晚餐	地瓜、雞蛋、高麗菜甜椒沙拉

A 團的減重食譜單

地變得更瘦、更漂亮，會因此感到挫折。在激烈的競爭中，為求能夠比別人有更好一些的細微差別，外貌的努力無法避免。考量到這點，當選擇這條困難道路的藝人們發生失誤時，也不要輕視了他們的努力，鼓勵他們往成功邁進，這是新人開發組要做的事。

雖然跟練習生在一起有好玩的事，但也有一個悲傷的插曲。一位練習生量了體重，比上個月重了 0.5 公斤。這是一個體重要減輕的時期，所以測量那天就只吃了一根香蕉和減重特別餐，但該要減輕的體重卻上升了。

沒吃什麼卻體重增加是一個很神奇的狀況，最後練習生坦白說晚上偷偷出去在便利商店吃了泡麵和餅乾。雖然「沒吃東西卻變重了」這句話一定是騙人的，但盡可能柔中帶剛地處理這個情形，也是新人開發組該具備的能力。

即使冷酷、徹底地進行減重，看到餓肚子的練習生，有時也可能會心軟，也常常聽到女團宿舍裡沒有瓦斯爐，或是好幾位成員共享一碗冷麵的趣聞逸事。不過，為了在鏡頭上展現出自信模樣給粉絲與大眾，嚴格的飲食控制是必須的。有趣的是，藝人在出道累積演藝圈經歷後，即使沒人規定，自己也會進行體重的自我管理，因為每次看電視時看見臉腫的自己，便會開始進行減重。網路上粉絲的惡評留言，亦是

藝人提升自己往上一個境界的快速催化劑。

　　要十幾二十歲的練習生們自動自發地管理自己不容易。無關時間與地點，練習生要接受與熟悉生活裡的身心靈管理與訓練。因此，使一名練習生努力成為實力、外貌、人品皆具備的藝人，是新人開發組應該做的工作。

　　雖然說練習生和藝人們必須要減重，但誰都知道這不容易。嘴上說「現在稍微拋棄一些東西，將會有更大的報酬與未來」，但心裡可能想「如果真心想要現在過得幸福，怎麼可能忍著不吃美食呢？」。由於夢想成為藝人是一條如此艱辛的路途，所以了解他們的心思也是新人開發組非常重要的一環。

藝人生涯短暫，人生卻很長

　　練習生中，還是有人會覺得只要歌唱得好、舞跳得好就可以了，因而放棄學校課業。不過，這是一個非常危險的想法。雖然唱歌跳舞重要，但若要成功的長期以藝人的身份經營社會生活，一定需要基本常識、禮儀，以及整個社會的基本知識。

　　媒體變得多樣化，藝人間的競爭和電視節目間的競爭也

變得激烈，要求藝人們有各式各樣的才藝才能與知識的節目也變多了。自然而然的，藝人和演出節目的工作人員，如製片人、節目腳本作家、拍攝導演等，一起溝通分享意見，有了條理思緒，才能有好成績。

藝人生涯雖短，但人生道路很長，這也是讀書的理由之一。雖然令人傷心，但是藝人生涯壽命短的情形居多，出道快、隱退也快。假設偶像團體的壽命為 10 年，不管工作多活躍，仍是一段短暫的時光。必須以這 10 年的藝人生活為基礎，進行更長期的社會生活，邊工作邊生活。因此，為了從藝人角色退下之後、也就是開啟一般人的生活，準備好擁有各種可能性的能力不是一種選擇，而是必須要做的事。

當然，有些人在 10 年偶像生活過後，成為演員或綜藝咖繼續度過演藝人員的生活，但不是每個人都是如此。第一、二世代的偶像結束七年所屬契約解散後，大多都默默地消失了。

為了幸福度過隱退後的生活，除了基本的素養以外，最好還要提前尋找自己能做的事。為此，再忙也要有投資自己的時間和讀書的時間。練習生期間要求讀書寫心得，透過間接經驗幫助他們開拓看世界的視野，也是很好的學習。

因此，RBW 一直努力幫助練習生與藝人們累積人文素養

和經濟常識等。即使年幼的他們還無法立即了解到這種教育的重要性，但公司和新人開發組仍一定要在這方面下功夫。

MAMAMOO 出道後成員們第一次結算收入後，幫她們開了主要交易銀行的長期儲蓄存摺，並讓她們上保險商品的教育課程。雖然不知道她們是否還有好好保管那個存摺，但是我想在年輕時所學習的金融知識會對她們有所幫助。

最後，製作人、公司及新人開發組所做的練習生訓練不僅是為了打造未來明星，也要告訴他們這是一個具有什麼特性的職業，成為演藝生涯與人生的嚮導。

為了職涯的心靈控制

　　很多人覺得社會生活中最辛苦麻煩的就是人際關係。在新人開發組工作的員工也一樣，要和一起工作的同事相處融洽，但和夢想成為藝人、好勝心強的練習生一起共事，果然不是一件容易的事。彼此間不能維持在非常好或非常尷尬的關係，而要保持適當的距離。

　　再者，常要面對感情豐富的藝人，需要一個心靈控制的能力，以致於能夠維持平常心做出合理的判斷。要以平常心工作，才能和藝人們相處融洽，當藝人成為明星的時候，本人的生涯也能成功地往上一層樓。

充滿愛的心態

　　近來，有越來越多的大學畢業生找不到想做的事情，從這個方向來看，從國中開始就訂定自己的夢想而努力的藝人練習生，可以說是非常可怕的野心家。雖然有可能被看作沒禮貌的藝人志願生，但年紀輕輕就具有成功當歌手的野心並努力去做，不是一件能小看的事。

　　雖然說為了夢想與目標而努力，但他們仍不過是十幾歲的孩子。因此，必須有人來管理這些自我主張強烈的孩子們，並且需要有一顆溫暖愛意、如媽媽一般的心。若不以愛為基礎，很容易因練習生的行為而受傷。若心情被傷害了，當需要找出他們的優點之際，很可能就只會看到缺點。人類終究是感情的動物，想看的就會看見、不想看的就看不見。沒有溫暖愛意，訓練起來當然困難，也就做不好做基本管理。

　　新人開發組在工作的時候要有一顆像媽媽的心，即要以溫暖的關心、關愛，以及韌性與耐心看待練習生們，扮演一個幫助他們變得更好的輔佐角色。最後，要成為幫助他們能夠正確成長累積實力的優秀和溫暖的嚮導，如此才能培養出優秀的藝人。

客觀的批評家

管理練習生的時候，雖然愛是基本，但為了練習生的成長，不能一味地對他們好，要以正面的視野為基礎，做一個徹頭徹尾有原則的批評家，練習生們才能好好成長。

這裡該注意的一點是，不能為了批評而批評。因為新人開發組的工作特性，有時候會有為了不過度稱讚而故意找碴的情形發生，即使是這種時候，也不能以不合理或無法產生共鳴的態度來對待練習生。

如果有該改善的缺點，要以冷靜且能產生共鳴的方式批評，並以研究如何彌補缺點和怎樣轉化為個人特色為基礎進行溝通，方能得到好的結果。

練習生在職業的特性上，大部分是充滿內外魅力。但只器重外部成長的話，必然成為一個有極限而無個人特色的藝人。與其提升練習生的外貌，集中尋找魅力更為明智。

為了提高魅力，需要一雙重新看待缺點的眼睛。看藝人的時候，即使整體是有魅力的，也可能會有讓人難以輕鬆接受、陌生的部分。這個陌生的部分剛開始可能會讓人感覺奇怪，但適應熟悉後，反而很有可能成為致命的魅力。另外，這也是創造新潮流與流行的啟發點。

大部分的超級明星剛出道的時候，一樣會有關於他們這個陌生部分的惡評。奇妙的魅力、與眾不同的專屬角色魅力，只要讓不輕易接受的大眾打開心房，這位藝人就有可能成為受眾多粉絲喜愛的超級明星。

　　這跟戀愛結婚有點像。喜歡到想要交往結婚的對象除了無限美好，也要製造莫名的緊張感，保持微妙而陌生的感覺。容易被擅長欲情故縱的異性吸引，無條件對自己好的人反而不易感受到其魅力，就是同樣的道理。如同我們很難愛上一個無法讓自己產生好奇的人一樣，藝人若不能引起他人的好奇心，便很難成功。因此，想要成為藝人，一定要激起人們的好奇心。

　　這就是為什麼要擁有一雙重新看待缺點的眼睛，因為這樣的好奇心常會建立在缺點之上。其實，雖然優點很難會變成缺點，但要把缺點轉換成優點卻意外地不難。以下是相關的有趣插曲：一位男團成員身高不到 165 公分，但是他完全不會因為自己個子矮而自責，甚至自我介紹時會說「我在團體裡負責身高的角色」，而引發眾人的笑聲，並且展現具有矮個子魅力的舞蹈表演。完美克服身高的缺點，並藉由言行變成個人特色後，大家就不會再注意他的身高，只會覺得他是一個優秀的藝人。

新人開發組該做的就是這件事。如果只把缺點當成缺點來看，那就感受不到樂趣了，而且會開始討厭這個部分。當然，並不是所有缺點都能成為個人特色，所以新人開發組必須思考與研究這個缺點能不能變成一種魅力，找到能將缺點變成個人特色的線頭，並施予魔法將其變成優點。

敏銳與仔細

新人開發組要擁有觀察人的眼光。每天見面的練習生裡突然有一位體重掉了2公斤、今天的表情特別不好，或黑眼圈很嚴重的時候，其中必有理由，所以要有不直說也能感受到的敏銳度。到練習生們聚集的房間裡，也要馬上知道誰和誰之間的關係不好、誰和誰在競爭。因為若不能先確認與預測練習生們的狀態，將會發生大大小小的問題狀況。

在激烈的競爭意識下生活的練習生們即使不舒服，也不會說出來。因為害怕不舒服而缺席練習，就會被競爭者往後推，離明星的夢想更遙遠。雖然放任病情會陷入更複雜的狀況，但也不是不能理解練習生想要忍耐的立場。

正值敏感的年紀，要一起共度很長的時間，並且往同一

個目標前進，比起一般的學生們，必然會更容易產生忌妒與好奇。所以會互相吵架或產生排擠，或是存在著看不到的霸凌行為。

如同學生們之間的衝突，當有老師或學生家長等大人調解的話，問題可以更快地解決。練習生也一樣。如果沒有人一起解決衝突，狀況可能只會惡化。因此，想要在新人開發組工作，需要一雙媽媽般的溫暖視線與快速看人眼色的直覺，才能事前防範未然。

模範的生活態度與人品

大眾會將藝人看成是個無缺點的完美人設。小小年紀成了賺錢的工作人，只為了當藝人這唯一的目標前進，無法度過一般人的學生時期，可能稍微欠缺社會性。世上沒有完美的人，每個人都必然會有缺點。一方面期待完美舞台、實力與表演力，另一方面又想要完美的人品與聖人般的生活態度。

即使不是因為大眾的期待，確實需要教導練習生們培養模範的生活態度，使他們成長為一個不錯的人。但是，對藝人來說，大眾這般嚴格的標竿是很痛苦的；對栽培他們的工

作人員而言，也是困難的課題。

因此，新人開發組要一直嘮叨，促使練習生們成為更好的人。在新人開發組工作的人不能讓練習生們找到毛病，因為你們要成為尚未確立自我且首次踏入社會生活的練習生們值得效仿的好人與優秀的大人。

當然，他們也不可能全方位地做到完美，不過至少要對練習生而言是有社會規範與道德原則的模範大人。這樣在給予建言或忠告的時候，練習生們才能接受，也才能扮演好引導他們往更好方向的隊長角色。

新人開發組員工要有模範人品的理由不只有這樣。因為常需要與練習生的父母見面，扮演著公司門面的角色，所以，如果託付子女的父母開始對公司全體人員的人品與能力感到懷疑，將會波及到公司整體。無論是面對練習生或是父母，都要有他們可以信賴的模範、慎重小心的態度兼義務。

在新人開發組工作的人對練習生而言，猶如前輩上司，是擁有權力的存在，故不慎做得不好，很有可能產生關係問題。若與練習生說出令人扭曲誤解的言語或行為而產生誤會，將帶來多大的影響可想而知。所以誠實遵行自己職務本分的基本道德觀念，不只有新人開發組，而是所有經紀公司的職員都應該要牢記而且守護的。

練習生評估

平常心

　　練習生們雖然一起練習，但在決定團隊成員之前，彼此是競爭者。因此，固然平時相處甚好，團員決定後競爭心會變得更高，因為互相不得不在意是否成為其中的一員；或即使被選拔為團員，自己該負責擔任什麼角色。

　　在這複雜多端的格局裡，新人開發組的平常心、也就是客觀態度非常重要。抑制個人情感，對誰都抱著同樣的態度，要被視為強勢的老師、強悍的經紀人和客觀的組長。雖然在工作中，或多或少會有莫名或沒有特別理由就不滿的練習生，不過即使這種時刻，也要給予客觀的評價和建言。評估練習生的時候，即使是些微的私心也不能產生，要一直保持著自己代表公司的想法。栽培出專業藝人的人理所當然也要是專業訓練師。工作專業，要讓練習生接受有原則系統的訓練，具有這樣的想法是基本中的基本。

實務訪談

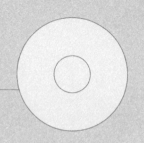

ModernK 金亨圭代表
現 RBW 製片本部理事
前 Cube 娛樂經紀公司新人開發理事

● **目前負責的工作是？**

現在經營音樂學院「ModernK」並負責 ONEWE 的製片人工作。從徵選開始，到訓練、製片，正在做新人開發組各種的工作。

● **開始這份工作的契機？**

原本是一邊當作曲家、一邊經營學院，然而當時很要好的朋友設立 Cube 娛樂經紀公司，就一起工作了。因為從以前就經常煩惱藝人的教育或體系，而且也想在經紀公司親自試驗很多事。

●過去負責過的藝人有？

在 Cube 娛樂經紀公司，曾徵選與訓練過 4MIMUTE、BEAST、APINK、「（G）I-DLE」，也在自己經營的「ModernK」裡和 MAMAMOO 稍微有些緣分。

●進公司時要具備的經歷是？

相較於專科或學位，更喜歡「抓力」好的人，特別是影片拍攝、編輯、照片，甚至駕照，有多才多藝的能力更好。雖然每家公司不一樣，但通常有百分之五十從實用音樂科中挑選。不管怎麼樣，會 MR 編輯或修理音量系統必然是優點。剩下的百分之五十不太需要經歷，不過要有適合經紀公司的音感。看下來，女生挑得比較多，畢竟從徵選開始，到整個訓練過程，比較能夠委婉進行。

●如果有該經紀公司藝人的粉絲經歷？

實際上，因為從事這項工作需要平常就有在關注經紀公司，所以都會問喜歡哪一個藝人，確認他是否為粉絲。但如果回答是很喜歡自家的藝人，大多不會通過面試。雖然也會有人刻意想要隱瞞，但只要留意語調或用詞，是隱藏不住的。

●徵選要注意的點是？

跟以前一樣，現在也經常舉辦街頭徵選，尤其是在學校門前進
行居多。優點是在上學時間的 30 分鐘內可以看到全校生的素
顏，放學時間也有機會確認上學時看到的學生樣貌。

下定決心親自來面試的人，雖然很熱血，但街頭徵選多以顏
值挑選，故常有韌性不足的情形發生。因此，給予新刺激非常
重要。看到他們因為評估測驗而眼神變得不一樣，熱血更加沸
騰，便可知訓練的重要性。一位女團成員經歷過評估測驗和選
秀節目後，眼神與心智變得很不一樣，有了韌性並發揮更大的
能力。

●工作時遇到的特別插曲？

人品教育無法光靠理論，所以我們組跟練習生們一起做了慈善
活動。到首爾市兒童醫院或托育中心表演，共度時光，不僅幫
助困難的人，也是告訴他們這是一種回報粉絲愛的方法的機
會。為了讓他們在出道前即擁有一顆善良的心，做了很多的努
力，我認為這是一個好方式。

●工作時感到最辛苦的時候？

新人開發組的工作真的很適合我的個性，所以幾乎沒有辛苦的

事發生。我也很享受和練習生們溝通，目前仍和成為明星的藝人們有聯絡。真的要說辛苦的話，在組新團的時候，我認為的成員構成與公司決定的成員構成若有差異，會有可惜的感覺。

因為即使盡可能以經紀公司的角度規劃走向、歌曲類型與方向等，每個人的想法不同，趨勢也會改變。如果差異不大，那算是慶幸。

● 工作時最印象深刻的事？

訓練最有效率的每週評估、每月評估，要花很多的心思與時間制定。訓練藝人如同原石磨成鑽石的過程，每一句話或簡單的解決方法對練習生都有很大的影響。因此，為了尋找最有效率的方法，故而制定了評估計畫，雖然要花很長的時間，但我認為可以獲得相對滿意的結果。

● 工作時最有成就的時候？

2012 年 BEAST 曾在日本開演唱會。當時 8,000 個座位客滿，粉絲們一起唱韓文歌詞，一邊哭，真的很感動。想到要做有意義的事、好事，令人非常的激動。

●有可能一週上班 5 天和準時下班嗎？

普通是 1 到 10 點最多，但徵選組是 10 到 7 點工作。以前很常
假日也工作，但最近比較遵守一週上班 5 天的工作時間。

●工作上最需要的能力是？

將平凡人打造成藝人的過程，能力大致分為五項：

第一個是積極性。新人開發組的工作特性是外出工作很多，
也常要出差進行國外海選。因此，要有工作的積極性，才能有
好成果。實際上，積極的員工和不積極的員工完全不同。

男團「Pentagon」在泰國開演唱會的時候，為了在當地進行
徵選，新人開發組也一起去了。其中一位員工只有晚上觀看演
唱會現場的人們，其他員工早上到市區，下午在市區大型舞蹈
學院進行面試，晚上也在演唱會現場裡徵選。即使當下沒有結
果，但對工作的積極性與熱情是必要的。

第二個是勇氣。發現不錯的預備藝人時要能停下來搭話。俗
話說「有勇氣的人獲得美女」，有勇氣的新人開發組員工也能
徵選到明星。

第三個是端莊容貌。因為代表公司的門面，所以必須要有端
莊容貌讓預備藝人留下好印象。

第四和第五個是要有會看明星的眼光與公平性。每個人看人
的眼光真的都不一樣，像是選到「H.O.T」的安七炫的人，選

到「Super Junior」的崔始源可能性很高。這時候本人的好感度要盡可能不偏向哪一邊，而且確認在面試裡是否有喜歡的藝人，喜歡的程度是多少也很重要，因為若過度偏愛哪一邊，則無法讀解大眾的眼光。如果可以的話，能具備跟公司有類似的眼光是最好的。此外，不僅是自己徵選到的練習生，也要公平支持真正有能力的練習生。

●未來的目標？

個人想要做的事都已經做完了，所以未來可以像現在一樣享受工作是最好的。讓現在 RBW 的 MAMAMOO、ONEWE、ONEUS 和 PURPLE K!SS 等團體成為受粉絲們喜愛及發揮正向影響力的藝人，是希望、也是目標。

2

A & R

A&R 也企劃 A&R

　　雖然 A&R 在娛樂經紀業界是最重要的一環，但一般人對這個名詞很陌生。它是「Artists & Repertoire」的縮寫，從發掘藝人的徵選計畫開始，到新人開發（artist development）、錄音（recording）、混音（mixing）、母帶製作（mastering）、演唱會計畫、對外邀請、契約、進行和結算，涵蓋全部的工作。換言之，A&R 可謂是必須參與整個藝人的製片與製作過程。在韓國，每個娛樂經紀公司的 A&R 角色不太一樣，專門從事專輯製作並擔任主要製作人的助手是很常見的情況。

　　首先，製作人或製片人一起和藝人（團體）規劃專輯要以哪種氣氛與概念製作。接下來選擇適合藝人與概念的作曲和作詞家、收集合適的歌曲，並在其中挑選出收錄專輯的歌

曲。然後，完成這首歌的錄音，交出最後成品。

若公司規模較大，A&R 的工作會再細分為管理外部作曲家與歌曲邀約、內部數據管理與著作權登記等代管，以及表演進行工作等。規模較小的公司則多由 1、2 位人員掌管上述所列的工作。兩者各有優缺，前者因細分工作，可以專精在負責的工作上，但自己責任範圍之外的工作，則因為無法顧及，所以需要花更多時間來熟悉整體。相反的，後者的優點雖然是可以理解整體並熟悉現場感，但提升工作速度和培養專業性卻要花更多的時間。無論哪一種情形，A&R 在經紀公司裡都扮演非常重要的角色，在最靠近製作人的地方，作為他們的同伴工作著。

A&R 的工作範圍很廣且多樣化，也有可能因製片人的性格喜好，工作範圍便有所不同。與從頭到腳都要負責的製作人或專門製片人（jack of all trade，具備從寫歌到商業化所有音樂製作需要能力的製片人）一起工作的話，工作範圍可能會縮小；與善用分工合作的製作人或製片人一起工作的話，則工作範圍就可能會擴大。

依 A&R 的能力，工作內容也有可能不一樣。雖然剛開始的角色有所限制，但往後也有成長為音樂製片人、甚至製作人的可能。A&R 是相當有助於學習娛樂經紀圈整體生態與

特性的職位，所以想要做這個工作的人也很多。因此，根據 A&R 的能力，所做的工作與成果可能天差地別。工作態度消極的話，可能連唱片製作都做不好；但如果能將能力發揮到極限的話，則有機會獲得意想不到的成功。

要成為一個有能力的 A&R，即是成為一個有企劃能力的「企劃 A&R」。與一般 A&R 不同，成為企劃 A&R 的話，有擴大工作範圍與提升能力的效果。依 A&R 負責人的企劃能力，工作的範圍可擴大到作曲家、歌手以及演奏者等。最後，也能夠動搖粉絲與大多數消費者的心，成為影響銷售成果的重大角色。

企劃 A&R 的裡「企劃」兩個字，是指工作中有多少的說服力。企劃是最有效率且合理的方法，是為了說服更多人，讓他們理解所有的戰略、計畫與行動。很多人可能會因為企劃所涵蓋的範圍太廣，而覺得它是非常困難的工作，但企劃的基礎在於「說服」，從最低階的職位便能開始培養能力。

企劃不是從一個龐大的企劃書開始，而是從理解氛圍、找尋適合的時機點著手進行開始。根據情況，使用言語、報告、文字、畫畫等讓人輕鬆理解自己的主張，便能說服更多的人，擁有具有效率及商業性的說服力。一首好歌、一位好製片人與一位好藝人，概念都是一樣的。有好企劃的作品能

錄音室照片

讓更多人產生共鳴，將他們收納為粉絲。

A&R 的角色可以說是以企劃為基底來進行所有過程。不要覺得企劃很難，以基本中的基本著手進行就可以了。無論在哪一個領域，如果沒有完整的企劃，就不可能有成功的項目，這不僅是在娛樂經紀圈如此而已。不單是 A&R，成為企劃 A&R 才能使項目成功，個人也能在公司內部快速成長。

A&R 的整體與工作

　　A&R 與每天每月按照定好的順序做同樣事情的上班族不一樣，A&R 必須要讓人接受、認同自己的能力，以及抬高身價，甚至成為一個可以到處被其他經紀公司或藝人挖角的工作者。所以，需要努力展現所有超越「企劃」以上的能力，包含基本該做什麼事的能力。如果能不將自己看作是上班族，工作量有可能會超過負荷，但能擴張工作的範圍、累積相關資歷，在經紀公司圈裡成功的可能性必然就會越大。

收到作曲家的好歌曲

　　A&R 最重要的工作之一，是得到作曲家們收藏或之後打算製作、有可能熱賣的歌曲。想要擁有這樣的能力，則需要訣竅。想要做一個成功的 A&R，一定要有挑戰與一定要做到的決心。因此，首先要和作曲家建立有人情味的親密關係。經紀公司和其他領域相同，與人合作的部分很多，所以與人的關係和溝通非常重要。

　　取得歌曲不像購物那樣，付一定的金額就能獲得價值相當的歌曲。根據哪種歌要給誰，其成果是天與地的差別。即使是同一首歌，成功的可能性也會因演唱者的不同而有很大差異，作曲家的地位也會有所影響。

　　即使不特別去思考成功與否，新人歌手演唱與有知名度的藝人演唱，製作費用當然有很大的差異。因此，作曲家要一直煩惱該把好歌給誰，這也就是為什麼好歌都流向發展好的歌手，產生嚴重的貧者越貧、富者越富的現象。為了取得作曲家們的好歌，A&R 需要說服與協商能力，將作曲家的音樂故事、喜好分析及相關參考資料化，寫成能夠打動他們的策略方案，說明為什麼此刻這位作曲家是自己亟需的，以及為什麼需要這首歌，並說服對方。另外，也要有為什麼現在

一起聽的這首歌要由自家藝人來演唱的理由，展示出最大的加成作用與可能性，便能提高說服成功的機率，這也是企劃A&R 該扮演的角色。

　　預測未來與現在的趨勢走向，提出宣傳歌曲的方向、大膽且有魅力的想法及關鍵字等也是一個很好的說服方法，展示出想與作曲家一起成功製作歌曲的強烈意志。

　　歌手白智英的熱門歌曲中，2009 年發行的〈勿忘我〉（Don't forget me）作為電視劇《IRIS》原聲帶的李秉憲與金泰熙的主打歌，獲得高人氣。這首歌原本是其他歌手的歌曲，因各種原因無法收錄專輯，很有可能就這樣被遺忘。當時兼任 A&R 職務的崔甲元製片人對這首歌的潛力評價很高，並說服所有作曲家和製作人，使其歌曲重見天日。最後，金道勳作曲家、李賢勝作曲家和歌手白智英同心協力完成，方能成功。結果〈勿忘我〉這首歌除了是歌手白智英的熱門歌曲外，也是當年度的最佳熱門歌曲。

掌握歌手的特性

　　還有一個跟得到作曲家歌曲一樣重要的能力，即掌握自

己正在負責的歌手特性。因為再好的歌曲,若給了不適合唱這首歌的歌手,這首歌也沒辦法成為熱門歌曲。一一確認歌曲是否與這次專輯的概念符合,以及歌手的聲音色彩與魅力是否適合等問題,如此一來,歌手和作曲家彼此才能合作打造出創世巨作。這也是企劃 A&R 該具備的重要能力之一。

A&R 要說服的人不止於作曲家。因為如果擁有決定權的製作人或該唱這首歌的歌手對挑選的歌沒有心生動念,這期間的努力將可能化為泡沫。因此,說服製作相關的所有工作人員也算是 A&R 非常重要的能力。如果新人因自己選的歌而能成功出道,甚至那首歌成為該藝人的代表歌曲的話,對於負責 A&R 的自己而言,也能跟成功的藝人一樣擁有自信,並且作為自己在經紀圈裡的重要資歷。

掌握趨勢走向的重要性不亞於對歌手特性的掌握。因為 K-POP 常從美國曾流行或正在流行的音樂演變而來,所以必須對美國音樂的趨勢和變化具有敏銳度。例如世界盃或奧運即將登場時,如果是與話題反差過大的安靜情歌,再優秀的藝人與歌曲也難以引領風潮。因此,打造幫助藝人成功與製作人做出賢明判斷的墊腳石,可以說是 A&R 最重要的角色之一。

2009 年 2 月發表的女性雙人團體 Davichi 的「8282」,

很長一段時間都是熱門歌曲，但這首歌一開始並不是她們的歌，而是歌手 A 唱 Demo 時錄製的歌。製作人和作曲家認為這首歌與這位歌手不搭，故而刪除。然後，這首歌最後由 Davichi 演唱，才創造出超乎期待的熱門風潮。當藝人和歌曲互相穿上合適的衣服，便能產生加成作用，而且還要注意發行時期或當時的社會議題等難以預測的運氣狀況。

成為變形金剛的談判家

A&R 的工作包含作曲家，大部分都要跟各種音樂工作人員共事。因此，基本要知道誰在做什麼事，若不知道共事的工作人員在做些什麼，便無法扮演好 A&R 調節行程與意見的角色。

此外，因為一起工作的工作人員很多是藝人，所以性格與工作方式可能較為感性或有著強烈的個人風格。所以，若不能兼具充分的理解度和社會性，會很容易感受到工作的困難與疲憊。了解這部分後，必須依工作人員的性格，成為符合各種不同情境的「變形金剛」。唯有進入他們的世界，才方便一起工作。

ONEUS主打歌Demo清單

Date：2022.07.06

NO	歌曲風格	Demo曲目	作曲家	評價	最終使用決定	建議
1	Dance	PRISON	李抒澔 徐榮裴	★★★★☆		強調男性魅力？一種野獸性感 But作為舞台演出棒！ →演唱會以搖滾編曲好像不錯 →鍵子？旋律線太糾結一起 →副歌黏一起！
2	Dance	相同香氣 (Same Scent)	李抒澔 徐榮裴	★★★★★	★ 睡著也會 想到的主旋 律線 ★	相同香氣X……另一個題目Some Scent 輕鬆悦耳、主旋律線、原聲音樂完美 →舞蹈絲滑的感覺！ 性感的話OOO →粉絲好像會喜歡 ♥ 清涼？夏天般的高級性感的感覺？
3	Dance	月光	RAVN	★★★☆☆		OOO的成功！ →君洙，應該能延續下去吧？ 看主打歌的感覺，似乎脫離了取向 反而性感→適合US嗎？ 原聲音樂…

Same Scent
痛又惹人憐的情感
越嘲越性感的歌詞 ★
灑水？掃帚舞？→性感無價（與企劃組對外邀約）
版型好的西裝？

ONEUS主打歌Demo清單

Date：2021.11.13

NO	歌曲風格	Demo曲目	作曲家	評價	最終使用決定	建議
1	Rock	Onewe ROCK116	全多允（音譯）	★★★☆☆	△	鏈副歌鋼琴旋律好 吉他solo＋鋼琴 和音好 →需要修正歌曲構成＆連復段（Riff） →下次專輯來發展如何
2	Rock	又要	勇訓	★★★★☆	△	考量We的氛圍主題→需要確定音樂節目要素 主旋律線好，第二段完成後重新鑑定
3	Rock	124House New Track	金英賢（音譯）	★★★☆☆	X	We新的感覺？ 主旋律線X→追加後需要鑑定
4	Rock	你的宇宙	勇訓	★★★★★	O	宇宙系列延續！ 鋼琴＋主旋律線的構成雖然不錯， 但要追加樂器構成 修正第一和第二段歌詞
5	Rock	不給花澆水，只希望開花	CyA	★★★★★	△	作為CyA的SoundCloud音樂、個人專輯發展 →雖然有We的感覺 但CyA一個人唱更有魅力的樣子
6	Rock	水井裡的小孩	廈璃	★★★★★	O	需要整理鋼琴旋律！ 樂器構成單調 →修正弦 水井裡的小孩 or well 需要修正2A主旋律線、Rap →勇訓錄完最後的副歌後鑑定
7	Rock	軌道	建熙	☆☆☆☆☆	O	一定要救活歌詞並導入！外星人相關 →前奏用吉他的話好像不錯，琶音
8	Rock	即使是睡夢中，你仍繼續流走	CyA	☆☆☆☆☆	O	從導入開始，吉他聲好 →以A Rap開始？／B歌詞X／副歌good →構成需要整理追加→ 下週前完成第二段
9	Rock	室友	勇訓	☆☆☆☆☆	X	很想發行… 但和這次的概念完全是反方向 →「送你禮物」如何
10	Rock	出發點	東明	★★★★★	O	歌詞方向性好 原聲音樂新鮮，但太過開朗的感覺 →搶救歌詞，稍微色調柔和一點如何 →製作第二段

主打歌「你的宇宙」發展
1. 你的宇宙（勇）
2. 水井（璃）
3. 軌道（姜）
4. 睡夢中（CyA）
5. 出發點（明）
6. 室友 or 禮物（勇）

作曲家、錄音師、技術人員等 A&R 要一起合作的工作人員們，和他們一起工作時，最重要的是行程與費用。一般上，雖然有固定的平均費用，但必須在這之間進行調整。根據旺季與淡季、工作的難易度與需要時間、工作規模等，有些不同，這談判的所有過程是 A&R 該面對的課題。

這時，如果充分了解每一位工作人員的工作，即可縮短這個過程的煩惱並導出合理的結果。非單純傳達性的溝通，而是充分對彼此的立場產生共鳴後表達溝通的意思，這是成為有能力的 A&R 的重要條件。

假設有一位錄 1 首歌要 50 萬韓元的錄音師，並要與他合作錄 100 首歌的話，依計算應需要 5,000 萬韓元。但現實不是這樣的，一次簽約很多首歌的情形，可以談行程與價格，降低費用。此外，如果也跟這位錄音師同團的其他錄音師一起工作的話，便能節省時間和降低費用。因此，A&R 需具備柔軟與高效率的工作技巧。

站在製作人的立場上，能降低費用的 A&R 就是好的 A&R；但若成為一位每次只會降低費用的 A&R，任何外部工作人員都不會甘願和他工作。最終，重要的是成為好的談判家，使製作人、藝人與工作人員都能感到滿意。

所有工作人員集結一心、合心協力的時候才能打造出好

的歌曲與好的專輯，從中做出符合最新潮流的傑作。優秀的談判家除了好企劃，也必須努力擁有社會性的能力。

以作曲家的語言說話

對待作曲家的時候一定不能忘的事情是他們也是歌手藝人，藝人們常會對一件事投入超乎尋常的專注。所以能針對一個重點認真創造出無人能比的成果的人，有很高的機率可以成為一位成功的藝人。

於是，若不善於跟一個非普通人的藝人作曲家維持好關係，也就很難期待他們擁有高度社會性或親切的對話。如果作曲家自己努力擁有社會性、親近的對話，以及思考性的行動等，當然是最好的，但與其等待他們具備這些能力的一天到來，不如由 A&R 發揮這樣的能力還來的更快速且有效率。能否與他們熟練相處，可以左右一個成功 A&R 的能力。

為了能跟作曲家好好溝通，A&R 需熟練地以他們的立場去思考並尊重他們。音樂界有眾多作曲家，每個通常都具有強烈的個性。越是有能力或是熱門歌曲很多的作曲家，越有可能挑剔且不平易近人。雖然有可能是因為這樣而變得傲

慢，但也不是全部的作曲家都這樣。成功的藝人們是因為有自己的固執與特徵所以成功，故看起來不得不有固執的一面。若因他們的固執而出現好創意，A&R 當然需要努力以他們的觀點來看待這件事。

雖然有時候會無法理解藝人們的言行，而且偶爾可能會在特定的氣氛中覺得不舒服，但是好好接納、努力去親近與理解他們，也是 A&R 的重要角色之一。好好了解作曲家的特性並形成人與人之間的共感帶，是 A&R 必須積極具備的最大美德。

另外一個也要知道的是，除了和歌手與工作人員之外，在作曲家們之間也要遵守前後輩的禮儀。A&R 需事先掌握階級秩序，依位階不同，做出不一樣的禮儀與態度，便能跟作曲家以及所有藝人們保持好的關係。

不只有作曲家，A&R 也要和跟藝人成功最密切關係的製作人，成為如好友般的協助夥伴，而非上司與下屬的關係。調查各種資料、議題與趨勢，了解 10 至 20 歲粉絲團的音樂喜好，甚至是引領世界音樂潮流的美國音樂，詳細數據都準備好的話，將有助於擁有企劃 A&R 的資格。

既是基本也是必要，A&R 的美德

時間觀念

　　雖然不論哪個職業都一樣，但對於 A&R 而言，注重時間更為重要。因為和各種職業類別的人共事，更需要準時。唯作曲家、歌手、技術人員、錄音師齊聚在同一個地方，方能完成錄音，所以 A&R 必須對時間與行程一直保持敏銳。

　　來自不同領域的人們一起共事，故存在不同的職業特性，尤其是藝人，大多過著比上班族更自由的生活秩序，經常會對約定時間或制定好的行程沒感覺。特別是行程緊湊的明星藝人，如果前面的行程延遲或提前，經紀人或 A&R 必須從中調整行程，令人費心。

假設有一位 A&R 定好明天的錄音行程，錄音前一天還有錄音當天早上發送團體簡訊，向作曲家、演奏者、製片人、技術人員與歌手提醒時間和地點，也以電話個別通知（當然也有人不接）。這樣大家就能準時出現，完美地結束錄音嗎？熬夜工作晚睡的作曲家、正在修理突然出問題的樂器的演奏者、因其他錄音延遲導致行程重疊的製片人與技術人員，或收到歌手因感冒聲音沙啞的消息等，這些事情並不少見（當然有聯絡告知的可以說是值得慶幸了）。

　　這種事實際上當然發生過。由於各種緣故，定好的發行日無法改變，所以錄音日當天即使有什麼事也至少要完成三首歌。可是，演奏者遲遲不來，提早來的其他演奏者與歌手就要花比預計更多的時間，最後必須給予協助作業的演奏者追加補償，大幅超出原本的預算。講求原則的話，給予遲到的人的報酬應該減少才對，但現實往往不可能這樣做，最後受到損失的只有製作人。

　　比這更嚴重的事情也很常見。藝人有一個要跟管弦樂隊錄音的行程，是光演奏者就超過 20 名的大型計畫。但是最重要的作曲家在錄音時遲到了，不得不延長時間，錄音室租借費用當然也跟著增加。最後必須支付延長時間的錄音室租借費與給演奏者的追加費，整整高出預算一大截，好不容易才

結束那天的錄音。

　　雖然常識上是要配合準時來的人，但現實中卻是得配合最晚來的人，這時候就需要 A&R 的機智了。有大型計畫行程的時候，前一天、還有當天要以小時為單位確認參與者的動態，當然還要照顧演奏者與歌手的狀態。A&R 也需要這樣的眼力，即使只有 1 個人遲到，也要調整日程，盡可能不讓任何人等待，做出最佳的排程。另外，還需要隨時打開判斷能力，當最重要的歌手若看似狀態不好，無法好好發出聲音時，錄音則要延期，並重新快速地安排好下一個行程。

　　但是扮演如此重要角色的 A&R 別說調整時間，連遵守時間都不會或只是想要快點結束的話，會怎麼樣？除了難以作業外，也會阻礙錄音室裡最重要的團隊合作。因此，遵守時間、做事正確與細心，是 A&R 工作基本中的基本，也是最重要的美德。

人脈管理

　　A&R 的人脈管理在塑造業界裡的資歷時是非常重要的元素。長期看來，透過這樣的人脈，也可以說是累積未來成為

錄音室錄音行程

時間	日 12	一 13	二 14
GMT + 09		ONEUS&ONEWE STAY母帶製作	PURPLE K!SS母帶製作
早上10點			
早上11點			
早上12點			
下午1點			
下午2點		ONEWE「在夢中錯過的你，願在淺眠中流淌」下午1點至7點 ／ ONEWE「軌道」下午1點至4點	ONEWE「軌道」下午1點至2點
下午3點			玫星「只要你聽到就好了（For Me）」歌唱語調下午2點至6點 ／ ONEUS 2020 Fly 下午2點至3點
下午4點			2021 MAMAMOO ONLINE CONCERT 下午3點至4點
下午5點		ONEUS&ONEWE STAY 下午4點至5點	頌樂學校原聲帶「冬花」歌唱錄音 下午4點至7點
下午6點		2021 MAMAMOO ONLINE CONCERT「WAW」VOD 下午5點至7點 ／ ONEUS 2020 Fly with US in Tokyo DVD LIVE 歌唱數據 整理（編輯）下午5點至7點	
下午7點			
下午8點	ONEWE歌唱錄音 下午7點至11點	玫星環節歌唱錄音 下午7點至9點 ／ ONEUS 2020 Fly with US in Tokyo DVD 下午7點半至	賢奎 頌樂 頌樂 Baby」環節歌唱 下午7點至9點 ／ 頌樂MBC歌謠 下午7點至8點
下午9點			PURPLEK!SS SWAN學校原聲帶「心不在焉（Absently）」MIX 下午8點至10點
下午10點		ONEWE歌唱錄音 下午9點至11點 ／ ONEWE 下午9點至 ／ 玫星「只要你聽到就好了（For Me）」歌唱語調（編輯）下午8點至11點	ONEUS 2020 F 下午9點至10點
下午11點			

三 15	四 16	五 17	六 18
ONEWE歌唱語調（編輯）下午1點至7點	ONEWE「軌道」MIX 下午1點至3點	玟星「LUNATIC」ENG歌曲 下午1點至6點	賢奎 玟星「LUNATIC」ENG歌曲錄音 下午3點至5點
ONEWE MIX 下午1點至6點	ONEWE「送你禮物」MIX 下午3點至4點	ONEWE「出發點」MIX 下午1點至3點	賢奎 無名歌手戰2 歌唱錄音 下午5點至7點
ONEUS 20 下午1點至2點	ONEWE「出發點」MIX 下午4點至5點	ONEUS 2020 Fly with US in Tokyo DVD LIVE 歌唱數據整理（編輯）下午2點至5點	
ONEUS 2020 Fly with US in Tokyo DVD MIX 下午6點至10點	ONEUS&ONEWE MIX 下午6點至10點	華莎「Jingle Bell」Cover 歌唱錄音 下午3點至5點	
ONEUS 煥雄 M 慶典「老虎」歌唱語調 下午8點至11點	指導歌唱錄音 下午6點至10點	ONEUS 2020 Fly with US in Tokyo DVD LIVE MIX 下午5點至7點	
玟星「LUNATIC」ENG歌曲錄音 下午11點至早上4點半		ONEUS 2020 Fly with US in Tokyo DVD LIVE 歌唱數據整理（編輯）下午7點至10點	
		ONEWE「出發點」MIX 下午7點至10點	
		ONEUS 煥雄 MBC 歌謠大戰「老虎」歌唱數據整理與監控 下午8點半至10點半	

製片人或製作的原動力，所以需要細心的管理與投資。

人脈管理由與對方的溝通開始，掌握對方的喜好與狀況，基本上要有能配合對方的彈性。只在需要的時候才開始重視，對人脈的累積沒有幫助。

A&R 最常碰面的作曲家是藝術家，甚至是創作的藝人，所以常可能會陷入瓶頸。這時候不過度靠近也是打動人心的好方法之一。相較於一直發表好歌且乘勝追擊，反而是事情不順心的時候更能感受到誰才是默默地在一旁給予力量的人，並且對他產生感謝，也能感受到他的真誠，這就是人心。在困苦時期，有一個 A&R 懂自己的心，當然一定會稍微對他有好感。此時，A&R 能分享企劃與想法，激起他們的鬥志並幫助轉換思維，將成為他們往後一生真正的朋友。

真心不僅是為了人脈，不管是為了什麼，真心都一樣重要。若不待以真心，對方很快就能察覺，且本人也會因覺得浪費無用的時間，摒棄毫無真心的人脈。

掌握對方喜好也是培養人脈的一個重點。即使是在華麗的娛樂經紀圈裡，要記住，也不是每個人都具有外向性格。雖然有些作曲家會參與綜藝節目，發揮自己的才氣；但有些作曲家光是收到節目提議就揮手拒絕，連拍照都不要。除此之外，也不可能單以他們的歌曲風格類別，就能掌握他們的

個性。充分了解作曲家的喜好，適時地接觸，才能創造好關係。明白作曲家和藝人之中也有很害羞的人，謹慎地掌握彼此的距離，便有可能成為互相訴說心事的親密朋友，而非只是單純因為工作才見面的作曲家與 A&R。

有一句話說「藉由周圍朋友看這個人吧」，意思是一個人身邊的人脈會是造就這個人的關鍵因素。包括朋友或熟人，掌握這個作曲家身邊的製作人、經紀人、製片人等的喜好，也會對親近特定的對象有很大的幫助。善用與他們的關係，就能更輕鬆地擁有人脈。

年輕的感覺

有一句話說「超過 30，耳朵關起來」，因為很多人超過 30 歲後，會有一個傾向是一直重複聽十幾二十歲時期的音樂。

相較其他藝人們，作曲家特別需要一顆年輕的心靈。因為消費音樂的主要對象是十幾二十歲的年輕人，所以必須有年輕的感覺，也要不斷地努力想辦法擁有這個能力。

如果因為作曲家的年紀是四十幾歲，故以四十幾歲的情感或心靈來做音樂，那這首歌鐵定將無法吸引年輕族群。因

此，作曲家上了年紀後，也要努力以一顆年輕的心去理解，這也是作曲家成功的祕訣。和這樣的作曲家一起工作，A&R當然也要保有一顆年輕的心。

需要敏銳地反應現在的趨勢，才能讀懂未來走向；要有一顆理解作曲家年輕單純的心靈，才能成為一位有能力、有遠見的企劃 A&R。

為了打動十幾二十歲的年輕人，抓住他們的目光與耳光，須以年輕的感覺製作音樂。不僅要讓他們喜歡這個音樂，也要製作音樂的人喜歡，如此才能創造出熱門歌曲。A&R 要快速充分了解變化多端的音樂趨勢，並與藝人一起努力將其結合到音樂上。

過去，作曲家或藝人們傾向於製作音樂節目導演喜歡的音樂，因為這樣可以常上電視，提高成功的可能性。但現在不同了，媒體不再只有電視台，還有 YouTube、各種社群平台、音樂網站等，變得非常多樣化。一天可以出現數百首歌、新興藝人大量湧現，導致競爭變得更激烈。再者，K-POP的地位已在國際市場獲得認同，還要跟美國與全世界的音樂競爭。在每天湧現的眾歌手與歌曲之間，做再多也可能不會被看見、不會被聽見。

即使是唱過熱門歌曲的藝人，隨便製作新曲，失敗率一

樣很高。用以前的方式單純經常在電視上播放，也不能成為熱門歌曲。但也不是全盤否定這種作法，因為市場變得更寬敞了，打開了更多的可能性，也能做更多種讓藝人揚名國際的嘗試。

　　以前藝人只能隨電視台的編排走，現在環境不同了，A&R 可以和製作人與藝人一起藉由各式各樣的社群平台親自編排。這就是為什麼 A&R 要成為一位具備年輕目光與靈光的耳朵，除了製作能力之外，掌握趨勢、環境變化、粉絲的反應以及留言，才是身為一個企劃 A&R 能存活下來的關鍵。

和 A&R 一起工作的人們

　　A&R 通常要跟作曲家、製作人、樂師、技術人員等各種類別的職業群與工作人員共事，所以要掌握一起共事的人們各自負責的職務。

製作人

　　一般說的製作人指的是經紀公司的老闆、代表理事、執行製作人等。他們投資唱片，擁有計畫進行的決定權，以及和藝人簽專屬合約，行使著非常重要且決定性的權限。

　　以前雖然偶爾也有藝人的經紀人或親戚父母成為製作

人，但 2000 年以後，除了經紀人，音樂製片人、作曲作詞家、A&R、投資者，甚至藝人自己成為製作人的情形變多了。因此，製作人包括投資者到藝人，非常多樣化，依各個專業領域，在製作方式或管理方式之中，分別佔據著不同的位置。

如果是經紀人身兼製作人的情形下，重點會擺在電視台活動而進行製作；作曲家為製作人的情形下，則是最優先把音樂製作擺第一位。這話說得雖然理所當然，但電視節目和音樂製作都很重要。因此，與工作人員合作補強不足的部分，建立一個最佳的製作體系是製作人該做的事。

因為擁有最大的權限，所以每個工作人員最好都要掌握製作人的喜好，了解其過去打造過哪些藝人、以什麼方式做事、有什麼樣的人脈等，對於一起共事有很大的幫助。

樂師

「樂師」係指為了錄音或表演，於一定時間內雇用的外部演奏者，即期間制的藝人。通常是指未簽專屬合約，而參與唱片或表演的非專屬藝人。在經紀公司，除了主唱或樂隊會簽專屬合約外，其他藝人大多是非專屬合約，也就是以樂師

的身份簽約。

　　通常錄製音樂時的吉他手、鼓手、合唱團、鋼琴等演奏者屬於樂師，由於是非專屬，他們可以和任何人工作。因此，人氣高的樂師很難排入行程。因為在不同的時候要找到符合類別、風格與狀況的樂師，A&R 要細心了解樂師的行程與工作進度，同時也要維持圓滿的關係，以提高工作效率。

作曲家

　　作為製作歌曲的人，過去與現在的位置稍微不同。過去，作曲家要製作旋律、伴奏與樂譜；近來，工作非常細分化，變成與很多人合作製作歌曲。有些作曲家只負責節奏、有些作曲家只負責主旋律線（唱歌的旋律）、有些作曲家只負責製作和聲碼，一首歌有 5 名以上的作曲家變得很常見。

　　因為各自擁有不同類別優點的作曲家們組合在一起製作的情形比起過去變多了，所以要和所有作曲家共事的 A&R，工作也變得更難、更複雜。

　　如同過去韓國的情況，在目前 K-POP 人氣正旺的中國或東南亞，著作權費常不會按時支付。所以，韓國作曲家將歌

曲賣到國外時，不會期待未來著作權的收入，只會想著一次性的費用，所以常會以好幾倍的價格賣出。

不過，像是中國最近開始更嚴格管理著作權了，所以往後的國際著作權市場擁有無限的可能性。其他國家對著作權的態度正一點一點地朝正面發展，指日可待。20 年前的韓國也是一樣沒有著作權的觀念，很多音樂能透過 Soribada 等 PSP 軟體免費下載，然而，現在要在非正式管道聽到歌曲是不太可能的事了。況且，消費者也認同著作權的重要性，著作權的保護漸漸成了理所當然的事。往後也跟國外優良的企業、製片人和 A&R 等一起工作，若能以更寬宏的條件維持關係，相信在不久的未來，將能獲得合理的報酬。

作詞家

到底要先有音樂、還是先有歌詞，每個時候的狀況不一樣，通常作詞家是聽了曲做好的旋律，根據旋律填上文字。相較其他領域門檻較低，也很常有作曲或編曲家、甚至藝人親自作詞的情形。雖然以前有專門的作詞家，但現在有逐漸減少的**趨勢**。簡單來說，單以作詞當作職業來經營已經變得

不容易了。由於音樂市場的趨勢變化，市場已經逐漸演變成集作詞、作曲、編曲、歌曲、混音、監控於一身的全能選手才適合生存的情況了。

歌唱訓練師

製作歌曲需要使用到喉嚨的聲帶，故如果過度發聲，未做好管理的話，將無法長期以歌手的身分生存下去。因此，需要一個能協助整體管理的歌唱訓練師。

過去，歌唱訓練師的角色很有限，通常是在藝人練習生時期教導他們發出最令人悅耳的好聲音與唱法。不過，歌唱訓練師的水準逐漸提高，擁有熱門歌曲的歌手們也會透過歌唱訓練師來管理嗓音與聲帶、矯正壞習慣與音域。過度使用聲帶的話，以後很有可能會無法發出聲音。因此，在國外也是同樣的作法，眾多明星歌手在獲得歌唱實力認證後，也持續接受歌唱訓練，包括以電影《鐵達尼號》原聲帶聞名的歌手席琳・狄翁（Céline Dion）也是如此。

歌唱指導

歌唱指導只在錄音階段一起工作，在控制室協助指導。藝人在錄音室唱歌的時候，作為助手協助藝人發揮最好的實力。為了在時間內做出最棒的錄音品質，也會兼任歌唱訓練。

編曲家

一般製作歌曲的時候會演奏各種樂器，故以最有效率的方式重新配置樂器構成與和聲的人便是編曲家。編曲做得好，歌曲會變得更好，當然也會提高擴散的力道，所以編曲家扮演很重要的角色。

以前，有很多只需要編曲的編曲家，但隨著著作權的分配比例改變，現在作曲和編曲一起做的現象越來越多了。相對的，也意味著編曲變得更簡化了。以前編曲家都要懂得各種不同音域的樂器，如今，電腦音樂發達，取樣輕而易舉，即便不懂樂器的特性也能輕鬆做出想要的音樂。另外，通常編曲家著作權佔約 17％，故常會同時參與作曲或作詞等其他領域。

技術人員混音工作

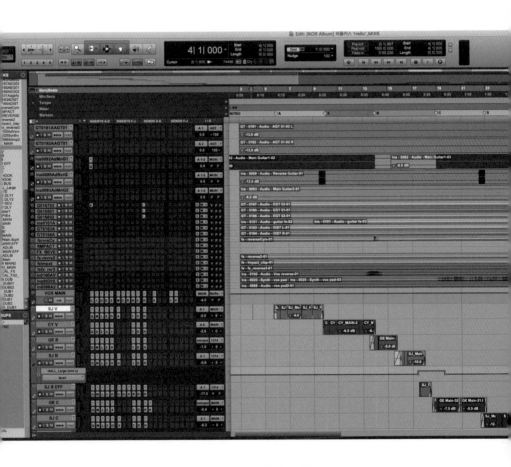

Pro Tools 混音音軌

弦編曲家和管弦樂隊

依作曲家或編曲家的喜好不同，為了在歌曲上添加雄壯威武與感動的感覺，會加入管弦樂隊的演奏。此時，額外純編輯管弦樂隊的人，稱為弦編曲家。以怎樣的規模與方式演奏管弦樂，需要譜出全部樂器的樂譜，是一個相當高難度的工作，所以很多都是由專攻音樂的專業人士負責。通常會是由在市立交響樂團等活動的專業演奏者組成管弦樂隊，演奏弦編曲家製作的歌曲。每一個管弦樂隊的涉外邀請皆需透過團長進行，故與他們溝通的工作理所當然也是由 A&R 負責。韓國國內代表性的管弦樂隊有由權石洪製片人領導的 RBINJ，以及沈尚元製片人領導的 LOUP 等。

錄音／混音／母帶後期處理技術人員

製作音樂時需要的技術人員有很多種，錄音技術人員負責最基本的角色，採集各個樂器，在錄音室錄製藝人的聲音和各種樂器的演奏。

將錄音素材二次製作成立體聲（使用 2 個以上的音軌，

兩邊喇叭不同聲音，使其產生令人悅耳的立體感），由混音技術人員負責。混音技術人員通常比錄音技術人員經歷更為豐富，必須將數十個音軌素材二次左右融合，若不了解各個樂器的屬性或音域，絕對辦不到。跟樂師一樣，A&R 要依不同的時機，委託適合的技術人員混音。

母帶後期處理技術人員要做的事情很難又複雜，簡而言之，只要了解壓縮（compressing）、效果（maximizing）和均衡（equalizing）這三項，便能猜測這是什麼樣的工作。第一個壓縮是平坦化作業，降低音樂裡太大聲的部分，以及提升太小聲的部分。想成是恆定聲音壓力的操作，比較容易理解。第二個是效果，在可行範圍內將音量調成最大的時候，不能有噪音爆開的部分。即使在相同狀況下，大聲播放的時候聽起來更悅耳，所以最近的歌曲整體音量幾乎都是混音而成，又稱標準化（normalizing）。最後一個是均衡，負責整修聲音，使音樂無論在手機、耳機或汽車裡聽見，都能維持質感。屬於過濾作業的一種，讓耳朵可以舒服地聽音樂。

唱片製作過程

　　樂團結束了告別演唱會，表示他們將為下一張專輯做準備。從歌迷的角度來看，一邊宣傳一邊準備專輯固然不錯，但同時宣傳和準備專輯通常並不容易，這是因為製作一張專輯需要經過好幾道的程序。

　　一般而言，企劃唱片，到發行和宣傳活動為止，至少要花好幾個月。如果是未出道的新人歌手或團體，長則要花數年的時間。雖然藝人的能力也很重要，但為了提高唱片的成功可能性，最重要的是要以能獲得粉絲的正面迴響為目標來進行製片。

　　包括 A&R，在經紀公司工作的員工都要了解音樂製作過程與進行的先後順序，因為這有助於提高自身職務的效率。

唱片製作過程，依序如下：

① 專輯企劃（概念會議、募集歌曲和選定主打歌）
② 歌曲錄音（錄音、混音、母帶後期處理）
③ 封面照與音樂錄影帶製作
④ 宣傳活動（音樂節目、各種活動、國外表演與粉絲見
　面會等）

專輯企劃

　　假設有一個藝人想要出新專輯，首先要做的事情是專輯
企劃，考量藝人的特色與流行趨勢來選定概念主題是較適當
的作法。專輯企劃方向可能依照藝人的性格而有所不同，根
據是專輯或單曲，是迷你專輯、還是正規專輯，收錄的歌曲
數量都不同，編列的預算也要跟著調整。

　　隨著藝人的特色與流行趨勢，製作方向也有可能會不一
樣，這時若只是盲目地跟著別人的腳步，或單純延續以前的
東西製作，往往會是一條通往失敗的道路。

　　A&R 和製片人、製作人、企劃人共同合作，一起選定新

唱片的概念是最好的。這時候，製作人的韌性、耐心，以及關於藝人特性的最終設定方向要一致，才能提高成功率。

錄音、混音及母帶後期處理

A&R 要將歌手和各個樂器樂師進行的錄音與編曲家製作的所有中音軌交給混音技術人員。結束混音作業後，要進行母帶後期處理。此時，可以說是在工廠製作能銷售型態的 CD 的階段。

封面照與音樂錄影帶製作

線下銷售的 CD 包括藝人的專輯封面與寫真冊（booklet），統稱為「封面照」。只發行音樂，未以線下專輯的方式銷售的數位單曲音樂的封面設計則稱為「網路封面照」。

製作封面照的時候要非常細心，雖然現在到實體門市購買專輯的人減少，但封面照可謂是展現專輯音樂或藝人個性的門面。

近來，在音樂大量發行的世代裡，有可能認為封面照比起以前已經變得不是那麼重要了。但封面照和音樂錄影帶是最能直接展現藝人風格的地方，除了音樂之外，也是以設計與畫面來表現音樂藝術性的空間，因此重要性仍然相當高。雖然封面照常會凸顯藝人的臉龐與風格，但也常利用設計元素，所以要多收集各式各樣的想法，以符合專輯概念的方式製作。A&R 也要參與封面照與音樂錄影帶的製作，甚至母帶後期處理的作業，不過也很常由專任藝人企劃組來負責處理相關製作事宜。

A&R 負責音樂錄影帶製作前所需要的音樂編輯邀約、簽約與結算處理等，還要調整專輯銷售行程、物流公司與電視台的審議日程等流程，扮演重要角色。

宣傳活動

製作完專輯後，A&R 將母帶 CD、影印物品、音樂檔案等交給物流公司，準備發行。為了要讓更多人能得知這張經由數十人努力完成的專輯，宣傳行銷活動是基本的，所以 A&R 也很常與企劃組、宣傳組共同參與行銷。

MAMAMOO 封面照設計（上）／ ONEUS 封面照設計（下）

實務訪談

弘益大學公演藝術研究所崔學來兼任教授
前索尼音樂娛樂公司代表 A&R

● **目前負責的工作是？**

大約 20 年前開始做 A&R，經歷各家唱片公司後，現在負責音樂流通與投資，在弘益大學教商業音樂課程。作為韓國的第一世代 A&R，雖然有很多辛苦困難之處，但看到這個行業發展過程漸入佳境，所以至今仍離不開，繼續工作中。

● **工作時，感到最有成就的時候？**

果然還是專輯成功的時候最能感受到成就。雖然是很久以前，我藉以電視劇《秘密花園》原聲帶獲得 15 倍以上的收入，也藉由製作曾以歌手出道的綜藝人的專輯獲得數十倍的收入。雖然做好音樂有成就感，但音樂也是一種商業，所以成功也很重要。

●工作時，感到最辛苦的時候？

投資製作專輯，對於成不成功的負擔感到很重。雖然是公司的資金，也是大家一起決定的，但自己的責任仍是很大。因此，專輯賣不好的話，壓力會非常重，每出一張專輯，彷彿生孩子般痛苦。無論是藝人或是專輯，投資的時候，為了提高成功的機會，要盡可能做很多調查與確認。現於音樂流通公司任職，對於失敗的負擔感一樣很重。所以，為了減少負擔感，我會盡可能透過很多的事實調查進行投資審查。

●工作時遇過的特別插曲？

幾年前有一位獨立歌手來到我在當 A&R 的公司。即便是獨立歌手，也會簽流通契約，但剛好那天公司下達減少簽約的命令，所以我介紹了其他企劃公司給他。在那之後，他倚靠獨特的旋律與音色成為一說出名字就人人皆知的知名藝人，因此，我有好一段時間心情不好。雖然成功的插曲很多，但失敗的經驗使我謙虛，在上課的時候我也經常講這段故事。其他業界也一樣，不過特別是經紀公司圈，誰都不能保證誰會變成什麼樣，所以要一直保持謙虛看待音樂與藝人。

●成為 A&R 所需的資歷是？

很多人常會認為 A&R 要專攻音樂，但比起對音樂的理解度，喜歡音樂的心更重要。不只是喜歡音樂，還要有一顆想做音樂的心，才能成為一位好的 A&R。除此之外，包含音樂，還需要很多領域的知識。近年有韓國大型經紀公司曾發佈過美學、哲學和藝術體系專業的學生優先錄取的事項。除了音樂，還要對文化創新感興趣，才有辦法打造與構成藝人的世界觀。因此，資歷不需要努力與學習，而要從小開始在生活環境中獲取。我雖然也不是一個音樂專家，不過受到教芭蕾舞課的母親很多影響，聽了很多音樂，也很常接觸表演，自然而然具備成為 A&R 的素養。

●申請成為 A&R 時，需要什麼作品集？

A&R 的作品集不是「音樂」，是「策略」，配合申請的經紀公司色彩去撰寫也很重要。雖然每個經紀公司有著些微的差異，但依各地區特性，編寫公司裡人氣最高的團體下一張專輯策略，是很好的方法。這時候一定要去看他們的官方網站，好好做功課。必須了解應徵的經紀公司正在做什麼音樂，寫出老闆想要的作品集。

● 成為一位成功的 A&R，需要什麼能力？

要兼具藝術感和商業行政感兩者。韓國對 A&R 的角色定義為歌曲收集、作曲家管理、專輯企劃與製作，為一位全面性的輔助者。然而，在美國還包括財務與行政要素，因為企劃專輯的時候，除了企劃和製作，相關的行政與法律問題也很重要。因此，A&R 在唱片公司裡適合當一位經營者，實際上，公司也曾經招聘過麥可・傑克森（Michael Jackson）和瑪丹娜（Madonna）的 A&R 作為索尼音樂娛樂公司的 CEO。

● 作為 A&R，感到最有成就的時候？

隨著有名的娛樂經紀公司的團體變得龐大，K-POP 獲得高人氣，近 5、6 年間，A&R 的職業飛躍發展成長。過去是從美國或日本學 A&R，現在已經變成能夠輸出體制的程度，非常令人驕傲與開心。雖然我做了 A&R 很長一段時間，但看著這個工作的變化與發展過程，使我仍然想在這領域一直探索下去。

● 想對以成為 A&R 為目標的就業生說什麼？

A&R 要具備廣泛且深入的知識，所以需要不斷地學習與保持好奇心。對每個領域都要有興趣，才能在進行專輯作業的同時，帶給大家靈感。A&R 可以說是「人文學和科學的融合技術」。

假如你想要成為 A&R，不能只讀音樂，還要進行各式各樣的學習與經驗培養創意能力。擁有創意能力雖難，但這是做 A&R 必須具備的能力。

● **未來的目標是？**

持續做現在正在從事的音樂流通產業與講課，也想做好第一世代的 A&R。韓國經紀公司在短時間內大幅成長，A&R 也藉由先進的系統，成長速度非常快。我想更深入了解與分析它的樣貌，並傳遞給學生們，使 K-POP 往更寬廣深遠的方向延續發展。

3

企劃制定

○ ○ ○

企劃製作組之花：製作策劃

　　如同出征戰場的軍人需要槍，藝人也需要工具來協助將
自己的才能與魅力告知大眾，成為一名明星。製作這個工具
且銷售的團隊稱為企劃製作組。

　　企劃製作組是宣傳藝人與製作銷售商品、即製作文創產
品的地方。除了製作音樂專輯外，也包括和藝人一起宣傳行
銷音樂，以及企劃與製作從產品裡衍伸出能銷售的所有周邊。

　　這裡不只限於有價的音樂、M/V、周邊商品等銷售用商
品，亦包括推銷與行銷使用的影片、照片、各種新聞與報導
資料等。企劃、製作與流通是企劃製作組的主要工作。

　　企劃製作組的工作中，最基本的是撰寫相關商品的製作
計畫。製作計畫包括藝人概念、音樂、唱片、粉絲見面會、

M/V、宣傳用產品、新聞報導等，也能說是關於製作內容全部的企劃與行程。

在製作計畫裡該探討的內容種類很多，依每個計畫不同，順序和方法也有可能不太一樣。而且因為要和各個部門合作進行，難以界定哪些是專屬企劃製作組的工作。最終，企劃製作組是透過與經紀公司的其他部門合作分工工作，領導產品製作，可說是扮演一種「創造事情給人做」的角色。

公司沒有任何人強制今年要賣 2 張 EP 專輯、2 張單曲，這只是企劃製作組的目標設定，但仍要寫專輯的製作計畫，開始進行專輯的概念企劃與封面照設計，以及與流通公司協議商定唱片發行日期，並進入著作權協會的複印許可程序，最後進行母帶後期處理與音樂錄影帶的最終剪輯和審議。

若無製作計畫，也就沒有藝人甚至經紀公司的存在。如果企劃製作組沒有決定與領導專輯製作與發行時間，藝人們可能不知道何年何月才可以出專輯。因此，企劃製作組的製作計畫是「使人開始做事，也就是給予自家藝人這個秋天一定要出專輯的名分」。

若了解製作計畫裡每一個的產品製作過程，便能一窺娛樂經紀公司產業的開始與結束、目標與未來藍圖等。

趨勢與關鍵字

假設新人開發組過去 2 年裡，很有野心地籌備了一位藝人。企劃製作組的藝人企劃要從掌握團隊或部門、公司的基本能力開始，需要第一輪煩惱製作的各種產品中，哪些要倚靠內部人力，哪些要透過外部合作。

若要錄製音樂與拍攝所需的影片，須確認是否有能執行工作的員工、錄音室和攝影棚，預約製作所需的場所與工作人員。如果不能確保內部的基礎設施，則必須提前掌握與外部的哪一個團隊合作，確保預算充沛。

為了成功製作，先了解公司是否有效地善用現有的基礎設施，是一件很重要的事。在沒有經過這般煩惱與理解之下，只因為女團有人氣或男團很流行就想嘗試看看，將是很危險的事。

事前進行各種考量、決定打造全新的藝人後，下一個優先要做的事是預測反應海外需求的趨勢。大眾音樂會隨著社會流行與關注的改變而變化，甚至會反映出日期、季節、社會議題、政治與群眾心理等各種因素。決定藝人出道後，必須預測未來趨勢和現在的時機點，包含藝人出道的時機點的具體可能性。預測未來的流行與趨勢，成功率確實會提高。

近年來，K-POP 逐漸國際化，不僅是在韓國，也要確實將海外的需求考量進來，所以要顧及的事情更多了。顧及越多，就更要好好準備，這樣才能期待爆紅的可能性。

要將藝人、音樂和 M/V 等文創作品融入在一致的主題與方向，需要預測趨勢。預測趨勢是一個關於機率的問題，若過於獨創，不可能成為趨勢。以普遍的理解度為基礎，提出能夠向大眾引起新共鳴的關鍵字就好。

首先，以簡單的關鍵字羅列出想要傳遞的思想、形象、訊息，以及藝人想要展現出來的世界觀。重點是考量音樂銷售時間，整理列出能夠反映藝人和音樂的各種關鍵字，在製作期間一直思考如何將這些關鍵字融入於作品之中。

當然不可能為了綜效而將所有的關鍵字都涵蓋進去，事實上，反而是偶然的一筆更能帶給作品更大的趣味與快樂。

音樂製作過程

決定好哪個藝人要製作後，要與各部門協調音樂（唱片）的發行日程。因為無法靠企劃製作組單獨進行，還要考量製片人的行程、歌手狀態與粉絲需求、經紀人團隊的節目涉外

正在監控 M/V〈室友〉的 ONEWE

邀約狀況。

　　探討發行日程的同時，也要決定是單曲還是唱片，若是專輯，要以正規專輯還是 EP（迷你）專輯的型態發行。決定好音樂發行日程與發行的型態後，企劃製作組要依據決定準備相關內容，收集與準備即將發行的作品，統稱製作過程。

音樂錄影帶拍攝現場「ONEWE」

奧林匹克 **夏天** 炙熱的太陽
可愛但不幼稚
唐突 放肆的挑釁 未來的希望
中性魅力 鮮豔的色感
游泳池 **新冠肺炎憂鬱**

各種關鍵字（範例）

① 確保音樂母帶

確認製片人與 A&R 組的錄音進行，並配合發行日程。收集音樂母帶、來源資訊、MR 等各種平台公司要求型態的編輯音樂。

② 封面照設計

配合企劃會議決定好的概念，與設計組合作，收集符合專輯的設計圖案、封面照等。這時，需要藝人的新照片的話，完成事前約好的髮型、化妝與服裝等，和攝影師一起拍攝，並修飾完拍攝的照片後繳交給設計組。

③ M/V 企劃與製作

宣傳唱片的最基本手段：M/V，是使 K-POP 成長最重要的文創作品。製作符合藝人概念與音樂主題的 M/V，再以有效率的方式行銷。M/V 企劃如同企劃藝人與音樂般重要。M/V 本身是藝人，也是音樂，要涵蓋所有作品形象、訊息、主題和關鍵字，才有成功率。

④ 宣傳行銷

要讓大家知道音樂作品，必須與各平台進行協調、促銷與行銷。代表性的平台除了輿論報社、電視台公司，亦包括 MELON、BUGS、NAVER、KAKAO、FLO 等音樂網站，以及各種搜尋網站和 K-POP 網路社群等。因為有很多平台，故需事前做好準備，充分提供各平台想要的資料。

供給音樂至平台和音樂製作一樣重要，需一直留意有沒有小小的抱怨。各平台要求的音樂形式非常多樣化，長度有以 20 秒到分為單位架設或提供 MR。另外，藝人上節目的情形下，電視台要提前擺設舞台燈光與美術，也會要求事前提供衣服、髮型、舞蹈動線的資訊。

因此，為掌握藝人的舞台動線，每位成員和伴舞者要在胸口貼上大大的名字，也要另外製作參考影片。除此之外，

也很常要求提供宣傳音樂用的影片，如重點舞蹈、問候、製作花絮等。

音樂流通公司、電視台公司和搜尋網站等都是交易處，故音樂發行前後和他們的溝通與關係非常重要，需提前和音樂流通公司、電視台公司和搜尋網站建立微妙的關係。因為如果同時和競爭對手供給相同作品，或因疏失而導致日期產生誤差，有可能會出現問題。

過去 2021 年 9 月 8 日新人 PURPLE K!SS 回歸的時候，企劃製作組也忙碌地動起身了。決定好 PURPLE K!SS 回歸日期後，經過代表製片人的確認，挑選出企劃製作組和 A&R 組及製片人製作的 5 首歌。之後，透過作品會議，代表選出主打歌，在回歸的 2 週前完成 M/V 的第一輪拍攝，並編輯修改 M/V，以最佳狀態公開發佈。接著，決定封面照與專輯型態、寫真冊、照片與寫真小卡等附屬產品。還有獲得預算，並和合作團體討論是否能在日程內完成。製作產品的同時，要配合回歸日期，在各平台更新音樂，以及多次檢查是否可以在回歸日期於各個平台同時上傳和發布。

當然，明星藝人的話，這個過程會稍微簡單一點。不過，大部分的新興藝人一般都需要與各平台協調拜託，互相談判，所以企劃製作組別失望，每個組員都要盡心盡力熬夜

PURPLE K!SS拍攝演出順序表（第一輪）

（根據狀況，有可能變動）　　　　　　　　　　　　　　　　　導演：金○○／副導演：李○○

共兩輪中的			第一輪				集合時間及地點				
2月27日			天氣		第一輪集合地點	時間	第二輪集合地點	時間	第三輪集合地點	時間	
			日落18:11		○○○X洞	5:30					
區分	D/N	P.N	SET	內容			登場人物	Time Table		備註	
1				STAFF抵達與準備拍攝				06:00-06:30			
2				ARTIST抵達與準備拍攝				06:00-08:30			
3		16	B SET（川）	SOLO IMAGE－志殷（蜘蛛）			志殷	09:00-10:30		衣服－黑色洋裝怪獸9:00 in	
4		26	B SET（川）	SOLO IMAGE－採映（火箭）			採映、高恩怪獸	10:30-11:30		衣服－採映：（未定）衣服－高恩：黑色罩衫	
5				中間休息與拍攝準備				11:30-13:00			
6		29	B SET（川）	SOLO IMAGE－ALL（剪影圖）			PURPLEKISS	13:00-14:30		由準備好的成員，一個一個開始	
7		5	B SET（川）	DANCE PERFORMANCE B			PURPLEKISS	14:30-16:30			
8		14	B SET（川）	GROUP IMAGE－怪獸			PURPLEKISS、怪獸	16:30-17:30			
9				晚餐及拍攝準備				17:30-19:00			
10		24	B SET（川）	SOLO IMAGE－Yuki（鋼繩）			Yuki	21:00-22:00		特殊效果－鋼繩	
11				準備拍攝				20:00-21:00			
12		20	B SET（川）或C SET（走廊）	SOLO IMAGE－Dosie（樹木）			Dosie、怪獸	19:00-20:00			
13				準備拍攝				22:00-22:30			
14		23	C SET（走廊）	SOLO IMAGE－Yuki（走廊）			Yuki	23:30-00:30			
15		22	C SET（走廊）	SOLO IMAGE－Ireh（走廊）			Ireh	00:30-02:00			
16				準備拍攝				02:00-02:30			
17		18	C SET（走廊）	SOLO IMAGE－高恩（走廊）			高恩	02:30-03:30		特殊效果－火	
18		13	C SET（走廊）	GROUP IMAGE－相框拍攝（色度特寫）			PURPLEKISS	24:00-24:30			

LOCATION ADDRESS	備註	演出	拍攝
○○○X洞	P.N是PPT右側下段寫的頁數號碼	李○○副導演	金○○
		美術	照明
		朴○○	鄭○○

確保發行後的粉絲團與音樂促銷。

主打歌企劃

　　主打歌是左右藝人與經紀公司興盛衰落的關鍵，是非常敏感而且重要的事。很有可能因為主打歌而推翻這段期間所有進行中的企劃、形象與概念主題，而且，如果主打歌沒有呈現出一貫性的話，很有可能打亂藝人的成長安排，無法獲得期待的效果。

　　因此，選定主打歌是代表製作人或代表理事的權限。在大型經紀公司裡，不參與製片的代表也會參與主打歌的決定。不過，近來也常出現透過公司內部職員或進行外部調查，聽取他們的意見，而這個過程也是企劃製作組負責的範圍。

　　外部調查是整理好幾首主打歌候選的歌曲，舉辦試聽會。抽樣出一部分的粉絲和對音樂有興趣的十幾二十歲的年輕人，請求協助調查。雖然一般通常在音樂學院進行，但也會在十幾歲學生上課的補習班進行。播放音樂、請他們填寫問卷，詢問最喜歡哪一首歌？喜歡的理由是什麼？有沒有需

要加強的地方？或是有沒有建議或想法？像這樣聽取他們的意見。

即使經過各種過程、慎重選出的主打歌，也會出現出乎意料之外的結果。例如雖然以 A 歌曲作為主打的出道曲，但 B 歌曲卻獲得更好的反應。若是有規模的經紀公司，可以重新以 B 歌曲開始宣傳；但對於小經紀公司來說，則會因為預算或各種問題而無法給予支援，只能留下惋惜的結果。

不只是主打歌，收錄專輯的音樂都很重要，這是企劃製作組該具備的基本想法。音樂展現藝人角色形象與未來成長的發展性，所以若收錄不符合角色形象的歌曲，將破壞專輯整體的和諧，也會讓製作音樂所花費的成本與努力白費。

決定收錄曲的時候，最重要的是藝人的一貫性。必須在藝人成長的方向裡選定歌曲與主打歌。

一開始以偶像出道，若以不符合形象的韓國民謠歌曲作為主打歌，或以安靜形象的抒情曲出道，後來卻轉換成大膽的舞曲，如此缺乏一貫性的話，將有可能失去死忠的基本粉絲。所以，一定要在藝人和成長故事裡選擇最適合的方向作為主打歌。

幾年前，有一位藝人在世界杯時期發行唱片，專輯大部分是加油與充滿鬥志的歌曲，與世界杯的氛圍相符，故能獲

得期待以上的好反應。因此，提前預測當時的話題來選定主打歌，也是提高藝人成功可能性的方法之一。

舞蹈編排企劃

除了聽音樂，現在也早已是視覺當道的時代。因此，音樂以外，顏值與舞蹈也成為使藝人成功的必備元素之一。其中，其中，編舞是在舞台上展現創造力的絕佳領域。每一個特殊的動作和同步的群舞，都足以讓音樂的情感和舞台的衝擊力加倍。

舞蹈甚至會比音樂來得更受歡迎，成為熱門話題，逆向使音樂受人矚目。舞蹈編排跟唱片或 M/V 一樣重要，也能作為重要元素，在發行後的行銷上使用。

以翻跳舞蹈影片作為病毒行銷（viral marketing）的案例很常見。近年來，也會刻意在舞蹈中加入能成為話題或突兀獨特的重點舞蹈。

企劃製作組邀請舞蹈家提供試行方案，以及簽訂合約，皆包含在舞蹈編排過程裡進行。這時候，要向舞蹈家們說明製作意圖、藝人的角色形象和宣傳方向等，並獲得合適的舞蹈。

舞蹈練習的練習生

舞蹈編排相對上較單純，但偶爾也會變得複雜。有時候接受試行方案但不使用也要支付費用，有時候會混合各種試行方案使用。最近也有可能因為舞蹈的著作權產生問題，所以合約要詳細載明，往後的演唱會或其他舞台表演使用時才不會有問題。在這過程中能在沒有爭議的情況下企劃製作最棒的舞蹈，並得到好結果，是企劃製作組該做的角色。

　　2000 年 MAMAMOO 準備發行專輯，因為想看各式各樣的舞蹈，所以委託三組舞蹈編排。雖然三種舞蹈都不差，但每種都有不滿意之處，因此融合三種舞蹈的優點再重新編排。練習重新編排的舞蹈，同時也加入藝人們的想法，變成更獨特多樣的舞蹈，也獲得更高的人氣。

M/V 製作企劃

　　M/V 像是綜合藝術，要決定的事情很多，參與的人力也很多。去拍攝現場看的話，基本是 40 到 50 名人員，所以 M/V 製作伴隨著複雜的過程與努力。而且每個公司、藝人、專輯的製作方式都不同。

　　一般而言，經紀公司企劃主打歌的 M/V 想法後，通常會

接著找合適的 M/V 製片人，發送主打歌給各個導演，企劃新的 M/V 想法，在收到的提案中挑選製作。

偶爾也會覺得將 M/V 委託給導演或外包製作公司就可以了，但很少能這麼單純地進行。無論哪一種情形，經紀公司都要做出決定與負擔費用，所以 M/V 相關的工作可以說是全權由企劃製作組來進行。

企劃製作組、M/V 導演及工作人員為了製作一部 M/V，需要各種努力。尋找相似類別的 M/V 資料與運用、創作各式各樣的故事和話題重點場景，利用外國熱門的趨勢、地點和故事等，引領最新風格與趨勢。

因為 M/V 製作花費很大，所以在正式進入拍攝以前要有詳細的規劃。為了一次的拍攝，需要的工作人員非常多，也要考慮到後半部的作業，因而需要具體規劃與預算。當然幾乎不可能會完全照著最初訂定的規劃與預算來執行，但一定要有某種程度的容許範圍。

如果核定的預算較低，就進行基本的製作計畫；若核定的預算較為寬裕，便能規劃較大氣的行程或異國的氣氛，或是有衝撞效果的拍攝場景。

與其他領域一樣，不會單純因為 M/V 的預算低而失敗、預算高而成功。因此，M/V 的想法更重要，在 4、5 分鐘內，

要展現音樂的重點與方向外，還要有藝人的形象與想像。M/V 是具有衝擊力的綜合藝術、為此，除了製作人的創造力，還要聚集導演、製片人和企劃製作組所有人一起創造好的企劃案與成品，比什麼都來得重要。

視覺指導

在大眾音樂裡，基本上外觀展現佔非常大的比重。對藝人而言，有感覺的衣服、髮型、飾品顏色與素材等非常重要。因此，連眼睛能看到的細微部分也要符合趨勢，如果未能照顧好這些細微部分，還會大量出現「抵制造型師」的照片，表示他們將藝人形象打造得太老套或俗氣。所以，專業視覺指導的工作越來越重要。

視覺指導的時候，要先了解最重視視覺的世代是 10 到 20 歲的年輕人，他們也是最常消費音樂的人，也是能最先反映出熱門流行的人。所以如果不好好研究他們，很難跟上現在的趨勢。

趨勢變化不是綠突然變成藍，而是從綠變成綠橘，再從綠橘變成粉橘，再從粉橘變成亮粉，在細節上一點一點地改變。

音樂錄影帶拍攝現場

音樂曲風的人氣也不會突然說變就變，而是從樂團變成民謠、舞蹈變成舞蹈嘻哈等，一點一點地改變。因此，視覺指導要能充分意識到後，在其中創造新的趨勢。

趨勢在娛樂經紀公司裡是非常重要的，所以不只視覺指導，在企劃製作組工作的所有員工都要關心趨勢，培育洞察未來趨勢的直覺。

關於趨勢，不是隨便亂猜就好，而是需要持續關注熱門的社群平台或搜尋網站，對 10 到 20 歲的年輕人和大眾們的喜好或語言抱持著敏銳度。好好地觀察這個部分，適當地做出調整，有助於發展成藝人理想中的概念，並可從中挑選出好的關鍵字。

概念製造是將趨勢融入視覺指導，即是說故事。每個藝人都是擁有故事的角色，因此，完全了解藝人視覺上的優缺點後，將其反映在神話、電影或動畫的角色上，盡可能以大眾熟悉與親近的角色進行視覺指導，才可以說是優秀的概念製造和高度的視覺指導。

像是 RBW 所屬的團體 ONEWE，在挑選出道時最先讓人聯想的主題時，最後選擇與北歐女戰神「Valkyrie」做連結。因為她很適合歌曲與藝人的氛圍，能讓眾多人留下深刻的印象。事後也有很多粉絲說聽到「Valkyrie」就會想到

ONEWE，能這樣促使粉絲產生聯想，是視覺指導最有效率的方法。

　　偶爾也會利用名牌衣服或非常獨特的設計衣服引起視覺話題，創造藝人的形象。不過，這很容易一下就過去了，不能說是完整的視覺指導。僅靠名牌創造的視覺只會讓人留下刻意顯露高級與虛張聲勢的樣子。然而，以太過獨特的視覺包裝，缺點則是往後不能發展成更獨特的視覺，故不能說是一個好方法。

　　假設公司沒有負責視覺指導的員工或是預算，直接和藝人共同煩惱與決定也是一個好方法。包含練習生，藝人比誰都了解自己專屬的獨特色彩與感性層面，以及優缺點。因為身為藝人，最想以有效率得到自己想要的東西的人，就是自己。

說故事的文創企劃

　　雖然其他製造業或服務業也一樣，但宣傳行銷是經紀公司必須做的基本中的基本工作。但是，與其他產業不一樣的是，文創產業的宣傳行銷為了讓更多人知道這個音樂作品，

要製作更多音樂衍生出來的作品。

為了銷售出更多的化妝品，所以要製作文創行銷。
為了銷售出更多的汽車，所以要製作文創宣傳。
經紀公司為了銷售出更多的文創作品，所以必須製作文創。

簡單來說，為了銷售出更多的橘子，要做橘子汁、橘子沙拉和橘子餅乾。利用文創的文創行銷需要更艱難與細膩的作業。

為銷售音樂，而必須製作其他音樂或影片時，負責這項工作的人也是企劃製作組。企劃製作組不僅要做音樂和 M/V，還要做其他衍生的內容物宣傳，幫助藝人提高認知度，以及促進更多人消費音樂。

但單純像是「請聽我們的音樂，我們家藝人的歌聲很優秀」等的宣傳用詞或廣告文案，毫無用處，反而會替藝人形象帶來不好的影響。因此，製作宣傳作品的衍生作品時，一定要有充分的理由、根據與名分再生產。所以要努力做出能夠間接顯露藝人魅力與優點的產品，同時也要宣傳行銷讓音樂與藝人廣為人知。

也就是說，需要會說故事的企劃。假設一個即將要出道

ONEWE〈Valkyrie〉寫真冊

或回歸的藝人或團體，在音樂發行後，最好要持續提供新的作品。隨著出道第一週、第二週、一個月等時間流逝，不能讓粉絲感到無趣，反而是要漸漸陷入藝人的魅力中。因此，為了不讓大家的好奇心與嗨度下降，創造適合的故事內容來宣傳是很重要的一環。

故事的內容過度冷僻的話，很難引起粉絲們的共鳴。因此，故事的素材最好從藝人的周邊尋找，如：出道前練習生時期的 M/V 拍攝花絮、後台花絮、編排舞蹈或練習時的對話行動，或是錄製音樂過程中發生的事，皆能成為故事的內容。簡單整理如下：

「即將出道前的辛苦時光」

「過程中經歷許多汗與淚水的故事」

「經歷 3 年就出道的藝人意志裡傳遞的訊息」

「一起開心的父母朋友和一起練習的成員們間，彼此濃厚友情與感動的故事」

「練習舞蹈時發生的有趣插曲」

2021 年 9 月 PURPLE K!SS 回歸的時候，在專輯發行前 2 週製作了專輯 LOGO 和預告影片，尤其是預告影片，以 5 到

10 秒的長度製作 4 個影片，在 2 週的期間公開，勾起粉絲們的期待感與緊張感，並試圖讓他們產生好奇心。

讓粉絲或即將成為粉絲的人好奇下一個即將出現的東西是什麼，企劃製作組要以此重點發揮新穎且有個性的想法，替藝人製作出與眾不同的內容。

提前製作這些內容，在適時的時機公開，使大家繼續保有對主打歌的緊張感。所以，決定好出道後，給藝人設置一台相機拍攝收集日常生活影片也是不錯的方法。藝人親自拍影片或 V-LOG 也不錯，除了魅力以外，因失誤或偶然發生的有趣插曲，也能變成絕佳的內容。

經歷這般過程後，藝人熟悉相機拍攝是一大優點。說故事是維持粉絲關心度非常好的方法，積少成多，持續產出與宣傳。有時候還要刮風下雨般不斷地傾注宣傳才行。兩者適時交替進行，更能提高藝人的成功機會。

以說故事為基礎，前半部分展現亮點之後再慢慢釋放出有增效作用的內容，有策略地進行宣傳行銷，所謂的「小雨和暴風策略」準沒錯。就像恐怖電影裡，在非常幸福且看似什麼事都沒發生的時候，突然出現恐怖畫面，更為驚悚。

發佈會企劃

發佈會分為記者發佈會與粉絲發佈會，兩者舉辦意義都不只是單純展現新表演給大家看而已。

尤其是記者發佈會，在宣傳行銷的層面上，它屬於「小雨和暴風策略」中的暴風部分。善加利用的話，藝人出道或回歸的時候，將會成為宣傳的重要配備。

記者發佈會一般是利用記者們擁有的媒體力與宣傳力，邀請 100 至 300 名的記者參與進行。新冠肺炎疫情後，線上進行的情況增加，但仍然是必須要進行的一項活動。

在記者發佈會上，光聽音樂是不夠的，還要有更詳細的內容，如：新專輯的概念介紹、藝人的造型等視覺介紹、包含歌曲的表演舞台、公開 M/V 等。

這時候，企劃製作組要強烈凸顯特別想要強調的藝人魅力或模樣。此外，製造音樂、舞蹈或 M/V 裡的小故事，抓住能夠成為話題的部分並向大家公開，也是很重要的一環。若能有效地展現這個部分，則能大量報導，向粉絲公開，將病毒行銷發揮至極大化。

當然，發佈會不可能只有正面的反應，因為記者們是主觀的，也有可能無法達到想要的結果，偶爾也會有負面的反

ONEUS 回歸新歌發佈會〔BINARY CODE〕—PRESS

CUE SHEET - 2021.05.11 (二) 下午3點 @○○○○○ HALL Ver.

MC：金○○   Directed by ○○○○○ 20210510

NO	時間	播放時間	分類	題目	舞蹈	影片	音響	燈光	備註
			BG	PRESS入場 BG：〈Devil〉全曲循環播放		TITLE	BG	White	
1	1'00"	1'00"	VCR 1	Opening VCR		VCR	S.O.V	Black out	
2	2'00"	3'00"	TALK 1	Opening Ment MC登場與問候 介紹發佈會與進行流程1		TITLE	Hand 1 （麥克風）	White	
3	10'00"	13'00"	PHOTO	PHOTO TOME 一唱名藝人（依個人到團體的順序拍攝） 一個人拍照順序：XION-煥雄-建熙-LEE DO-抒潏-RAVN ＊拍照時間結束後給成員們手持麥克風		TITLE	Hand 1 （麥克風）	White	
4	10'00"	23'00"	TALK 2	TALK with MC 一藝人團體問候與個別問候 一藝人先退場後準備下一個表演與換耳機 一介紹下一首歌〈水和油〉後MC退場		TITLE	Hand 7 （麥克風）	White	
5	3'27"	26'27"	SONG 1	水和油	○	VJ	Headset 6	Show	
6	10'00"	36'27"	TALK 3	TALK with MC 一藝人退場後整理髮妝與換手持麥克風 一MC先登場 一專輯相關的訪談 一藝人先退場後準備下一個表演與換耳機 一下一首歌〈BLACK MIRROR〉MV，表演介紹後MC退場		TITLE	Hand 7 （麥克風）	White	
7	3'38"	40'05"	VCR 2	〈BLACK MIRROR〉MV.		VCR	S.O.V	Black out	
8	3'38"	43'43"	SONG 2	BLACK MIRROR2	○ （女4 男4）	VJ	Headset 6	Show	鏡子5 帽子6
9	20'00"	63'43"	TALK 4	記者問答 一藝人退場後整理髮妝與換手持麥克風 一MC先登場 一進行記者訪談		TITLE	Hand 7 （麥克風）	White	高腳椅7
10	5'00"	63'43"	TALK 5	Ending Ment 一發佈會結束問候		TITLE	Hand 7 （麥克風）	White	
			BG	PRESS退場 一BG：〈Devil〉全曲循環播放		TITLE	BG		

應出現。不過，即使出現與目標相反的結果，也要能正面活用。它算是作品和藝人的第一輪檢測，而且對於作品提出各種不同意見，也能成為另一種話題。對於藝人的意見紛紛不斷，認知度也跟著沸沸揚揚地上升。公司強調的內容、記者們的觀點，再加上粉絲的意見，對於藝人的意見就會變得更廣泛與多樣。

記者發佈會是攸關藝人成功與否的重要一環，所以企劃製作組一定要徹底準備舞台與發佈資料。方便記者取得藝人的產品與作品介紹，以 E-mail、CD、USB 和影印等形式發送，並傳遞請支持與關注的訊息。

另外，若想要圓滿進行發佈會，需要選定一位好主持人，還有除了熟練的舞台表演外，也要準備能夠宣傳藝人的事前影片等說故事的內容。

再者，熟知訪談的預想問題，使藝人能夠自然地回答，並將其寫入主持人的腳本，這些都是企劃製作組的工作。

粉絲發佈會與記者發佈會雖然相似，但要以粉絲福利的形式輕鬆進行。大多是邀請約 300 至 500 名的熱情粉絲，以不賣門票的方式進行。

○ ○ ○

企劃製作需要的五件事

文創想法銀行

　　如上述，文創的特徵之一是要製作另外的文創產品以利宣傳和銷售。如化妝品品牌，為了推銷正品而製作試用品；為了宣傳歌曲，所以剪輯歌曲的精華片段；為了宣傳 M/V，所以製作預告片等其他影片，而且又為了推廣宣傳影片，要製作其他手段的影片。就好像一直不斷打開又打開的俄羅斯娃娃，經紀公司必須要有「為文創而製作文創」的想法。

　　製作新的文創商品時，嘗試提出充滿創意力的好想法，本身就是非常值得嘉許的事。如果能想到新想法，就有可能從中找到線頭，尋線編織出偉大的文創商品。

不過，若是過於卻乏計畫或不考量現實的想法，也很難說是好想法。好想法要具備藝人的成長故事與可能性，且在現實中能夠實現，並要獨特到能反映趨勢與領先時代，其潛力還必須是可預測的，而且能被大眾接受。

例如，提出「這次 2022 年的新專輯以異國概念在國外拍攝畫報或 M/V」的意見，雖然是很好的嘗試，但費用可能難以負擔，而且如果拍攝地點以地理和政治層面上都是危險的地區的話，也會產生問題。然而，「這次的舞台服裝上下都以名牌錶來裝飾吧」，這種不現實且只靠預算打造的想法終究不能成為好想法。

溝通與聯絡的橋樑

企劃製作組最基本要做的工作是扮演溝通與聯絡的橋樑。打造一位藝人，要跟很多人共同合作，考量出道後的活動，一起共事的人從數十名到數百名都有可能。因此，在這過程中，負責溝通與聯絡的企劃製作組的角色更為重要。

任何公司都一樣，新人或年資較淺的員工難以擁有重要的決定權，經紀公司也幾乎不可能由組員決定已經歷經數年

準備的練習生的出道和相關作品。因此，與代表、製作人和製片人等企劃製作相關夥伴的溝通，以及能夠流暢進行行政程序與過程是非常重要的工作。累積企劃製作組的十足經驗並獲得能力認可時，就很有機會參與相關實際作品企劃，發言權也會變大。

作為橋樑的角色，有教養的態度是必備的。企劃製作組在工作性質上，與外部企業溝通的比重，常勝過於內部的溝通。這時，因為要使用 E-mail、電話、簡訊等各種方式進行，所以具備適用各種情境、有教養、簡潔，並且有條理的態度和語氣非常重要。如果在要以簡潔形式表達的商業會議或傳達事項上亂發送表情符號、使用錯誤的文法，或是以過於口語的語氣撰寫，這樣沒禮貌與教養的溝通態度，不只是對員工，對於所屬公司與藝人都會帶來不好的影響，造成很大的損失。因此，企劃製作組絕不能忘記自己是公司的顏面的這項事實。

客觀的協作能力

企劃製作組的主要工作之一，是協調經紀公司和合作公

司。因此,企劃製作組扮演著中立、透明且正確的傳遞訊息者的角色。

即使是大型企劃公司,亦很少在內部處理全部的製作過程,通常委託外部居多,需要與拍攝編輯 M/V 的公司或負責設計專輯封面照的設計公司打好關係。因為企劃製作組是與外部夥伴公司的首要接觸者,這時候,若不與外部公司維持圓滿的關係,將難以在時間內製作出好成果,並有可能產生很大的問題。不僅要公開分享工作的進行順序與程度,也要向夥伴公司傳遞和調整委託作品的類別或角色方向,以及製片人的需求,所以必須正確傳遞客觀的資訊與公司的指示事項,不能模糊不清使人誤會。

如果企劃製作組態度不中立客觀,即過度主觀的時候,很可能會產生問題。不照實傳達公司的意見或包含太多自己的意見,將可能會出現與預想完全不一樣的作品。

實際曾發生過這樣的案例:有一個行程緊湊的 M/V 拍攝,在企劃會議後,組員緊急向演出者告知相關 M/V 的指示。但在這過程中,組員在細節部分加入了自己的想法,導致最後出來的成品牛頭不對馬嘴。當然,如果演出者能共同參與企劃會議,就不會發生這種事,但因為緊湊的行程而無法這麼做。最後那天拍攝的部分全部要重拍,不僅花費更多

的時間與費用，也耽誤了 M/V 公開的日程。

　　工作時提出自己的意見雖然是好事，但還是要照實傳達製片人或決定權人的最終定案與要求事項。同樣的，檢討進行過程並照實報告也很重要，也是最基本的工作。

公正的標準與道德性

　　企劃製作組的公正與道德非常重要。尤其是工作的時候，因為要在與夥伴公司合作的過程裡完成大大小小的請託，所以必須特別留意。

　　小規模的經紀公司常會另外聘雇拍照攝影組進行藝人的拍攝。代表理事向員工指示「去找適合的拍照攝影組」，當然要先收集作品集和預算案後推薦適合的公司，最終則交給代表理事或有決定權的製片人決定。如果因為有認識的攝影師，故而單獨推薦這個人並定案的話，就很有可能發生問題。

　　如果這個拍照攝影組以合理的價格聘雇且實力也不錯，那是萬幸；但如果付出比一般還要高的價格，品質又不好，這裡所花的費用與時間該由誰負責呢？而且如果這過程裡有送禮或佣金的往來，或許這件事便不能只是在公司內部解決

了事了。

　　實際上，幾年前曾發生過類似的事情。因為需要專輯設計製作，要求企劃製作組推薦設計師，而組員只推薦了一位的作品集並只說了優點。當時因為太忙，所以沒能再次確認，就照員工的話聘雇這位設計師。因為這位設計師說是認識的地方，故將專輯相關影印託付給推薦的影印業者。但事後才發現，竟然以高出一般價格，訂定將近一億韓元的影印費。

　　或許企劃製作組員工並無佣金往來，並不知道這種情形，但仍算是管理疏忽，所以不能逃避責任。以道德為基礎，對公司所有作品要保持注意，並且要以對公司和藝人最好的方向行動，這也是一定要具備的基本資質。

創造熱門的鷹眼

　　就像奧運的決賽，第一名和最後一名的差異不到 0.1 秒，熱門的亮點也不過是非常微小的差異。音樂排行榜上，第一名和第一百名的差異不是 90 幾分，而只有 1、2 分。

　　大部分音樂聽了都喜歡，但卻不可能每一首歌都成為熱

門。能成為熱門的歌曲，最大的特徵與徵選一位有魅力的藝人很類似。

　　整體都好、但其中有幾秒特別好的部分，雖然這個亮點每個人都不一樣，但一定要有某一部分特別有魅力才行，看看過去以來的熱門歌曲就能輕鬆理解這個道理了。挖掘這個亮點，不只是企劃製作組的工作，也是企劃製作組應該具備的能力。

　　熱門的亮點也有可能是在與歌曲相關的小細節上，例如藝人的肢體動作、舞蹈、小手勢、台風等，也有可能是爆紅的關鍵因素。

　　當然，製造亮點不是件容易的事，也並非一定能事先預想得到，沒有打算作為主打歌的歌曲也有可能獲得很高的人氣、非刻意的亮點也有可能獲得很好的反應。不過，如果只是期待作品能偶然獲得成功，那跟希望中樂透沒兩樣。

　　終究還是要不斷挑戰，構想好的想法，以大眾的眼光找尋趨勢，在這之中設定目標，努力試圖找到熱門的亮點，才能成為成功的企劃製作組，甚至成為製作人或製片人。

實務訪談

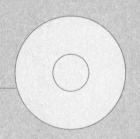

RBW 企劃製作本部的具本英理事
前 FNC 娛樂經紀公司組長

● 目前負責的工作是？

在 FNC 娛樂經紀公司從新人開發工作開始做起，之後也從事管理學院、企劃製作等各式各樣的工作。在 RBW 主要以製作的工作為主，藝人出道或回歸的時候，決定專輯的概念、設計、舞蹈、M/V、髮型和化妝等。另外也思考如何打造男團的世界觀、女團的大眾性等，為了打造一個堅韌不拔的藝人，從事各種工作。

● 開始這份工作的契機？

雖然之前就對經紀公司的工作有興趣，但是到退伍後才更認真考慮。當時，因為很好奇 M/V 和國內外的藝人表演是如何製作

與推廣，所以進了一家小間的經紀公司，開啟新人開發組的工作，負責從網紅、街道、學校活動裡進行徵選。

● 工作時，感到最辛苦的時候？

前功盡棄的時候最辛苦。有時候會因一位藝人的小失誤而導致整個團隊陷入危機，造成其他成員的傷害，且粉絲轉身而去的時候，很是擔心，心也很痛。因為可能因為一件小事，讓大家一起辛苦的時間都白費了。因此，藝人要注意的事情非常多，私生活也要徹底管控，對一般人而言，不是什麼大事的事都有可能成為對藝人的致命一擊。

● 工作時，感到最有成就的時候？

過去 3 個月，ONEUS 約有 40 天在美國 14 個城市巡演。以K-POP 而言，這是前所未有的事，而且反應好到我們都嚇到了。某些城市是第一次有 K-POP 歌手來舉辦巡演，但 1,500 席的表演場地坐滿，並連以韓國傳統音樂概念製作的歌曲，像是「嘿，哎嗨喲」的助興歌詞也一字不錯地跟著唱，真的很感動。ONEUS 和 30 名以上的工作人員在這 40 天內都在公車吃飯、睡覺，大家都很累，可是因為反應很好，所以非常心滿意足，亦感受到 K-POP 的人氣。此外，在音樂節目第一次拿到排行榜第一名的時候，或演唱會門票完售的時候也非常開心。

雖然藝人和他們的父母也很開心，但這也是工作人員感到最有成就感的時刻。

● 一週 5 天，有可能準時下班嗎？

企劃製作組需要和各領域的工作人員同甘共苦，拍攝 M/V 或錄音的時候也要一起熬夜。雖然是辛苦的時光，但這麼辛苦過後，能看到藝人成功的話，真的會有很大的感動，獲得的成就感便足以忘記辛苦的時光。

● 進企業製作組時該具備的資歷？

企劃力不是隨便哪裡就可以學到的，因此，相較於資料，作品集更重要。即使是完全無關的科系，只要覺得採用這個人能夠帶來有趣且不錯的企劃，便有可能錄取。實際上，員工裡雖然有相關的專業人士，但也有韓國文學、經濟學、影像等各種領域的專業人士，而他們的共通點是喜歡企劃。接下來要看他們是否具備自己專屬的視角，以及溝通上是否圓滑。企劃製作需要的不是一般視角，而要有其他獨特觀看的視角才能做出好成果。另外，因工作的特性上，需要與舞蹈組、M/V 組、髮妝組等合作，也需要有圓滑的溝通和委婉的思考方式。

●申請進入企劃製作組時，作品集的重要性？

雖然其他經紀公司也一樣，但申請進入企劃製作組時，作品集
是必須且非常重要的。與公司無關，但一定要選一組藝人，為
其量身打造專輯、舞蹈、服裝風格、M/V 的概念做成作品集。
看了這個作品集，便能知道對這家經紀公司有多關注，還有認
真的程度。即使是稍微虛無飄渺的企劃案，只要夠真誠，那就
沒關係。接著，因為主要是以看作品集的方式進行面試，所以
事先準備好怎麼回答更好。最近有很多申請者都準備了高完成
度的作品集，幾乎是可以馬上使用的程度，所以我認為如果投
入更多的誠意，一定會有好的結果。

●如果有該經紀公司藝人的粉絲經歷的話？

不只是企劃製作組，大部分的部門裡以粉絲立場進來的員工很
少能有好結果。雖然如果是一般的粉絲心態或好感沒關係，但
過度喜歡的情形下，對公司、對自己，以及對工作都會造成不
好的影響。偶爾會有一些因為想要近距離看藝人的人申請進入
經紀公司，但我認為與其因為一時的粉絲心態決定來應徵，不
如找自己想要做的工作更好。

●經紀公司真的是低薪嗎？

我常在青年就業機構裡演講，很多人都會問經紀公司是否真的是低薪。老實說，起薪整體比起到大企業上班的朋友，可能的確比較低；但是努力工作的話，5 年後、10 年後，就有可能比那些朋友更好。先在小型經紀公司一點一滴累積經歷，總有一天會遇到看見自己能力的好公司。

●企劃製作組的秘訣是？

我對組員最常說的話之一，是即使你因為經紀公司的工作太辛苦而辭職，最後也是會再回來的。一開始，超時超量工作的情形多、低薪的情形也很多，但它是一個非常有趣且有成就感的工作。撐過那段辛苦的時期，最終你會處於比其他同年朋友更高的位置，看到一起工作的藝人們受大眾喜愛，也會感到無比的喜悅。

●未來的目標是？

我已經從事企劃製作組的工作有 15 年的時間，經歷很多愉快且心滿意足的體驗。我們公司代表的哲學是好好栽培幼苗，和公司一起成長，所以新人多於有經驗者。實際上，有很多新人

進來後，經歷 7 年、10 年，都變成組長級了。我也努力一邊工作、一邊跟隨代表的宗旨，想要培養更多的經紀人力，看他們在現場發揮各式各樣的能力。

4

藝人管理

○ ○ ○ ○

所謂的藝人的經紀人

.

　　經紀公司 A 代表預測成功可能性高達 99% 的魅力女團即
將出道，在這段期間，藝人們在公司附近合宿，所以不成問
題；但之後要演出節目和參與媒體訪問，就會需要有一位協
助移動和行程管理的經紀人。

　　經紀人要對彩排等電視台演出拍攝有一定程度的理解，
並且擅長開車。除此之外，時間觀念和誠實也是基本的，如
果有演藝圈相關經驗，成為能夠教育藝人的助手更好。

　　新人開發組訓練好的藝人發行唱片出道，正式開始活動
的時候，經紀人的角色就越來越重要。過去的經紀人扮演製
作人、企劃人、訓練師、新人開發、宣傳行銷全部的角色，
現在一般已經專門化為負責藝人活動行程、節目出演交涉邀

約等工作。

　　一旦藝人開始出道，經紀人要一起經歷所有的過程。道路經紀人（行程經紀人）主要負責管理藝人的行程並配合行程，進行準備和移動；宣傳經紀人（PR 經紀人）則主要以電視台或各種媒體為對象，進行藝人演出的邀約交涉。

　　宣傳經紀人、道路經紀人的職級依年資而不同，構成一個專門的部門（每一組藝人 2 到 3 人），即為藝人經紀人組。不過，越小的公司，工作分配越廣泛，做的事也越多、越雜。

　　經紀人的工作性質上外勤大於內勤、面對外部員工多於內部員工，所以一定要熟悉公司的方向，以及如何介紹藝人，基本的道德也非常重要。

　　經紀人很常被誤認為開車載藝人跑行程的單純工作，但不只是這樣的。經紀人工作做久以後，能夠體驗到演藝圈從底層到高處所有事情，且也會產生一門與藝人交流溝通的眉角。因此，常可以看到年資到一定程度的經紀人直接變成製作人、製作理事，在公司裡擔任重要角色。

　　經紀人接觸人的工作很多，所以親和力和溝通非常重要。經紀人們見到的工作人員包括電視台、媒體、導演、演出者、PD、AD、作家等非常多樣，須有與他們工作時所需的基本知識。由於大部分是要拜託這些工作人員，故要努力保

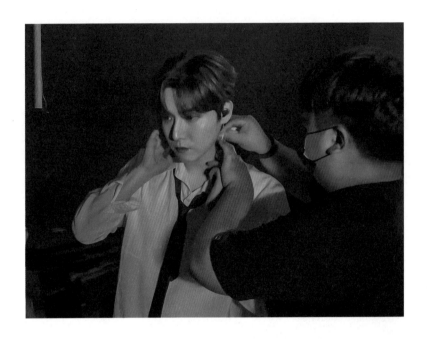

與經紀人一起準備表演的藝人 ONEWE「勇訓」

持禮貌,慎重地溝通。

因為經紀人要常常拜託人,也常拒絕人,所以,懇切拜託與委婉拒絕的技巧是必備的。密切掌握藝人和公司的狀況,行程中出現問題時,要能熟悉各種解決方法。此外,倚靠豐富的娛樂經紀公司圈知識,在談論任何話題時都能維持專業形象,也是很重要的一環。

以藝人的立場看經紀人,是一位幫助能演出節目的恩

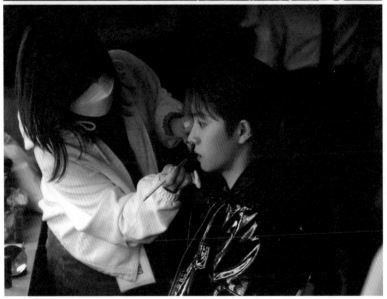

在化妝室化妝中的照片

人，同時也是在最親近的地方親自照顧自己的助手兼朋友。因此，藝人與經紀人是密不可分的最親密關係。但是因為太過於親近，所以要注意容易發生問題的部分。

　　經紀人要維持中立，好好向藝人傳達公司的工作方向與指示內容，並且能從中調節意見並委婉處理。如果因為太過於親近，導致只以藝人的意見答辯，會和公司產生問題，最終自己也無法成長。

　　經紀人不能忘記自己是所屬公司的員工。在保持與藝人的夥伴關係的同時，也要在調節、說服，以及使他人理解的過程中完成合理且有效率的經紀管理工作。

電視台演出提示單

KMS TV〈MUSIC SHOW〉第兩百回提示單

製片人：金○○   地點：紫陽洞○○攝影棚

播放日期：10/24 18:00-   成員：金○○、李○○、朴○○

演出：金○○、李○○、朴○○

NO	順序	Dur.	R.T	Time	演出者		Audio	MIC	錄語	字幕	照明	樂器
						全CM/全主打歌/等級通知						
1	Perf 1				ONF	♫ Beautiful Beautiful		H/M 3, in ear 3				
2	MENT①				MC	開場（SWAN/YUKI/高恩）		H/M 3				
3	VCR①				VCR	（公開第一名候補）						
4	MENT②				MC	直播投票講解		H/M 3				
5	Perf 2				未來少年	♫ KILLA		H/M 3, in ear 3	6			
6	Perf 3				PURPLE K!SS	♫ Zombie		H/M 2, in ear 5				
7	MENT③				MC	下一個表演介紹						
8	Perf 4				PURPLE K!SS	♫ Nerdy		H/M 2, in ear 5	6			
9	MENT④				MC	[Comeback interview] KARD						
10	Perf 5				ONEWE	♫ 夜行性		H/Mv3, in ear 2				
37	VCR⑫				VCR	[Comeback] KARD						
38	Perf 17				KARD	♫ Ring The Alarm		H/M 2, in ear 2				
39	VCR⑬				VCR	[Comeback] ONEUS						
40	Perf 18				ONEUS	♫ 放馬過來		H/M 2, in ear 4				
41	VCR⑭				VCR	（公開第一名）						
42	MENT⑧				MC	第一名頒獎 & 清潔		H/M 3				
42	Perf 19				第一名歌手	安可						

※上表是以音樂節目提示單的內容重新製作

○ ○ ○ ○

道路經紀人

　　很多人一般想到的經紀人就是道路經紀人。道路經紀人負責確認藝人們的行程，並準備配合時間移動場所，同時要與工作人員溝通，讓行程順利地進行，所以比任何工作都要有非常高的誠實與責任心。

　　實務工作雖然也重要，但更重要的是與藝人的人情交流。行程越多的藝人，越容易和對外活動隔絕，因此，不得不倚靠幫助自己與社會連結的經紀人。但是，即使是最親密的關係，除了共事以外，保持適當距離，對藝人和經紀人也都會帶來最好的結果。

　　經紀人比起藝人要與更多人建立關係，而且工作的時候只能說關於藝人的話題。因為是跟藝人最親密的人，當然

PURPLE K!SS M/V拍攝行程時間表（第一回）

（根據狀況有可能變動）　　　　　　　　　　　　　　　　　　　　導演：裴〇〇

總共一回		第一回		集合時間與地點						
4月13日（三）		天氣	日出7:24	第一回集合場所	時間	第二回集合場所	時間	第三回集合場所	時間	
			日落18:11		11:00					

區分	D/N	P.N	SET	內容	登場人物	Time Table	備註
				STAFF抵達與拍攝準備		11:00	
				ARIST抵達與拍攝準備		13:00	
1			一棟內部	群舞	PURPLEKISS	14:00~15:00	
2				移動與拍攝準備		15:00~15:30	
3			一棟外部	群舞	PURPLEKISS	15:30~16:30	
4				移動與拍攝準備		16:30~17:00	
5			十棟內部	群舞	PURPLEKISS	17:00~18:00	
6				移動與拍攝準備		18:00~18:30	
7			六棟牆壁（五棟前）	群舞	PURPLEKISS	18:30~19:00	
8				移動與拍攝準備		19:00~20:00	
9			五棟內部	群舞	PURPLEKISS	20:00~21:00	
10				移動與拍攝準備		21:00~22:00	
11			四棟到六棟之間（三棟前）	群舞	PURPLEKISS	22:00~23:00	
12				移動與拍攝準備		23:00~24:00	
13			十棟內部樓梯	概念照拍攝	PURPLEKISS	24:00~24:30	

LOCATION ADDRESS		備註	演出進行	拍攝
		P.N是PPT右側下段寫的頁數號碼。		任〇〇
			製作	照明
			李〇〇	金〇〇

知道很多有關藝人的事，所以無論是因工作或個人見面的人們，在他們之間要小心不要說錯話。除此之外，還需要體力消化大量的行程，在危險時要保護好藝人，也需要保鑣的勇氣，還有在過程中發生任何意外狀況的處理對應能力，以及技巧性地委婉拒絕非行程上的請託、各種拍攝簽名等提案。

因此，道路經紀人的工作不只是開車，還要跟藝人一起行動，在實際現場做很多事，所以特別需要各種能力，包括誠實與細心。

下面是決定好出演音樂節目後，列出道路經紀人部分工作的內容：

① 首先，宣傳經紀人告知藝人的音樂節目出演確定後，發送練習影片給電視台以確認藝人的舞台動線。

② 透過造型師與企劃組確認舞台服裝，配合錄製時間領取衣服，以及預約妝髮工作人員的日程。

③ 因為不只藝人，工作人員也要一起移動，所以一定要事前確認好移動方式與動線。另外，每個電視台進場的規則都不同，所以要事前確認，才能剛好趕上行程。

④ 確認好電視台傳送的錄製時間，提前準備配合節目長

度的編曲 MR，與 A&R 組或企劃組互相合作。

⑤ 出演前一天，確認藝人的狀態如何，再次提醒當天的
起床時間，以及確定車輛狀態，確保移動沒有問題。

⑥ 觀看不過鏡彩排和過鏡彩排是否正常進行，且以手持
相機拍攝，和藝人再次檢查是否有失誤，或表情舞蹈
是否有問題。

◎ ◎ ◎ ◎

宣傳經紀人

　　宣傳經紀人依字面上的意思是負責宣傳行銷的經紀人。主要工作是見電視台的製作人、記者、作家，交涉節目與舞台活動等的演出，以及提高藝人的認知度，一起討論專輯的行銷並執行。

　　一般而言，宣傳經紀人負責整理電視台和媒體的行程，道路經紀人負責執行行程。因此，評估宣傳經紀人的能力時，能夠讓藝人演出多少電視節目，以及能夠交涉到多少適合藝人的節目與活動是重要標準之一。

　　過去，媒體市場只有電視台和廣播，宣傳經紀人的第一項課題是交涉節目演出。單純跟節目製作人和作家見面，經由拜託後，獲得邀約。

但現在串流平台、綜合頻道、YouTube、社群軟體等媒體環境相當多樣，必須充分思考該如何推廣自家藝人。另外，確切了解製作的節目是基本的，還要一邊與製作的工作人員溝通說服、一邊著手工作，更是要求各種媒體的製作工作流程的理解度和背景知識。除了多樣化媒體環境外，若不了解各節目製作公司、各階段的製作工作人員、藝人的角色形象以及公司的方向，就會變成單純的拜托，而非合作。

宣傳工作裡最重要的能力是能在拜託與合作之間，進行心情愉悅的談判與邀約，還有引導出既不是單純甲方也不是乙方的合作夥伴定位。過去，單純的利益性合作佔大多數；近來，藝人和節目互相產生加乘作用的真正合作漸漸取代了過去的作法。

合作的意義是利用藝人的節目演出使電視台和藝人雙方皆獲得收穫。不過，像是電視台的原有媒體節目，至今仍是居於主導的位置。因此，宣傳經紀人的熟練合作與說服技巧，以及人際網絡非常重要。這樣的能力即為宣傳經紀人的能力評估標準。

最終，要成為成功的宣傳經紀人，關於媒體環境的詳細了解是必須的。對於各種製作相關工作人員的理解、研究節目製作過程和與製作人、作家的溝通方式皆很重要。除此之

外，他們如果能找到節目需要的亮點作為說服工具，提出合理的方案的話，成功的可能性更高。反覆進行這樣的說服過程，身為宣傳經紀人的能力也會一點一點地提升。

◯ ◯ ◯ ◯

成功的經紀人職務能力，5 PR

　　管理藝人的職業所需的全部能力可以用 5 PR 說明：透過公共關係（Public Relation），宣傳（PRmotion）藝人，提供藝人的優先權（PRiroty）並保護（PRotect）他們，以及和藝人、製片人一起參與事前製作（PRe producing），將成功率提高。

公共關係

　　首先，公共關係的意思是：「以大眾為對象，以提高藝人的形象或宣傳製作公司音樂與影片為目的而展開的交流活動。」

這裡的「交流」是重要的關鍵字，經紀人要透過說服對外各種關係人的過程，即積極的溝通，來達成目標。

經紀人有責任與義務要透過這樣的 PR 活動，帶領藝人提升程級。在業界裡可以常聽到：PR 做得好的經紀人對藝人而言，是最棒的經紀人。PR 等同於經紀人的能力值，佔非常重要的位置。

如果只是常出現在廣告裡，是不會「紅」的，因為大眾完全不認同這個人有實力、有故事。想要抓住大眾複雜且微妙的心，必須經由輿論和節目等各種媒體演出，不斷表現出藝人的實力和好形象。另外，也要利用積少成多的策略，在各種媒體上製作廣告或實境節目以進行綜合性的行銷。這是一位成功的經紀人最需要做的當前課題。

宣傳

借用字典上的「升遷；晉級」的意思，指的是要提高藝人的認知度與身價。藝人也是競爭非常激烈的職業，依等級不同，廣告單價和演出費天差地別，範圍非常廣泛。透過 PR 的宣傳活動、廣告活動，最終達成宣傳目標，使公司和藝人皆

能獲得更多的銷售與利潤。

　　宣傳要做的好，才能減少形象損失並以少量演出獲得大量利益。也可以把宣傳想成藝人的品牌差異化。

優先權 & 保護

　　經紀人是在藝人最親近的身邊照顧他們所有一舉一動，且共同成長的同伴兼夥伴。

　　代表藝人向製作公司傳達他們的意見，扮演溝通橋樑的同時，也要努力扮演各種角色幫助提升藝人的價值。藉由談判和說服的過程使藝人成功是終極目標，也需要有藝人的成功就是我的成功的決心。因此，經紀人的基本態度是要站在藝人這邊，且最優先照顧藝人。

　　一起共事的製作公司是外部的工作對象，而藝人是家人般的存在，所以優先保護他們是經紀人的基本，也是重要的美德，有責任要最優先照顧與保護藝人的形象、健康、品牌。作為藝人的負責人、保護人，要把藝人擺在第一位，保護他們、一起成長，這就是身為經紀人的成功之路。

事前製作

在眾多節目、活動、商品品牌之中，如何挑選可能攸關藝人的成功與否。通常出演與藝人形象或角色不符的節目，單純只是為了提升知名度，最後都不會有太好的結果。因此，藝人和經紀人要共同煩惱要出演的節目，進行嚴格篩選，這些選擇將成就他們的未來。

事前製作以電影用語而言，指的是在製作前階段該要準備的各種照片作業與過程，但這裡是指藝人決定演出前的預測與準備。提前預測與研究產品實際開始製作的狀況，並努力準備和進行訓練，以提高成功率。

換言之，在決定演出前、進入錄音前、拍攝前，以及在做某個重要決定之前時，經紀人要與藝人一同反覆思考產品成功的可能性。意思就是必須詳細考察研究這個節目產品是否適合該藝人，且在這當中，經紀人也必須要一起參與。

實務訪談

RBW 藝人管理本部
李賢民理事

● **目前負責的工作是？**

現任管理事業本部所屬室長，在 RBW 工作第七年，總年資為 14 年。總管負責 RBW 所屬藝人的宣傳、PR 和行程的經紀人部門。主要做的工作是與電視台、媒體、YouTube 等製作文創的人們見面，打造能展現出藝人特長的節目。

● **現在負責的藝人有？**

現在負責 VROMANCE、ONEUS、ONEWE 等 RBW 所屬藝人。

● **開始這份工作的契機？**

相較於坐在同一個地方工作，我更想要做活動性高的特別工

作。當時好朋友是演員，所以就覺得自己要當經紀人，而偶然開始這份工作至今。

● 進這個組時該具有的資歷？

工作的特性上，學歷或證照沒有那麼重要。基本需要的是第一類汽車駕照、體力和誠實。像是道路經紀人，很常要開車，所以安全駕駛很重要。因此，要有基本以上的體力。另外，也常需要停留在國外，如果能說中文、日語等第二外語更好。

● 現場經紀人與宣傳經紀人的差異是？

最近因為一些節目，道路經紀人受到矚目，不過現場經紀人和宣傳經紀人的差異很大。現場經紀人主要和藝人一起跑行程；宣傳經紀人則是企劃能宣傳藝人的各種作品。在 RBW，一般都是從現場經紀人變成宣傳經紀人，因為要知道現場，才有可能做出符合藝人特性的 PR。

● 這份工作最需要的能力是？

有誠實、鬥志和正直這三樣，要做好工作不困難。在這裡，要能關注與掌握趨勢，工作才能做得長久。

● **一定要有汽車駕照嗎？**

以道路經紀人的身份進公司的話，接受 1 週程度的教育訓練，就可以正式開始工作了。因為要投入現場，所以開車是必備。而工作的特性上，主要駕駛 Carnival、Starex 等大型汽車，故開車經歷也很重要。夢想成為經紀人，但現在沒有駕照的話，建議馬上去報名駕訓班。

● **一週上 5 天，有可能準時下班嗎？**

實際上一週 7 天都在工作。雖然公司也在努力調整工作分配，遵守法定的勞動時間，但如果有 24 小時的行程，這也是沒辦法的事。

● **工作時經歷過的特別插曲是？**

拜訪電視台和其他各種活動現場，一定會遇到名人。曾經見過總統、國務總理、國會議員、企業會長，甚至是每次的總統大選候補人許京寧先生。能夠見到各種職業的人是非常有趣的事。另外，在東南亞表演的時候，因為塞車，曾出動 40 台警車幫忙開路，在巴西受到警察維護指導進到廣場裡面的事情也令人印象深刻。

●工作時最辛苦的時候是？

現場經紀人最大的工作就是照顧藝人，為了全心做這件事，有時候會無法照顧到自己。別說一週上班 5 天，凌晨下班是日常生活，所以一定要做好體力安排。雖然節目上把經紀人刻畫得很華麗，但實際上是沒有個人生活的。去照顧一個人是很孤單的工作，雖然工作上和很多人共事，但回家的時候總覺得有點淒涼。假如只覺得很華麗的話，最好重新思考要不要做經紀人這份工作。

●工作時最有成就的時候是？

PR 藝人的時候要盡可能貼近粉絲族群和形象。這樣 PR 獲得好成果的時候會很有成就感。2020 年，ONEUS 曾經出演男子偶像淘汰賽節目〈Road to Kingdom〉。演出後，專輯銷售量和粉絲人數確實有增加。看到能見的成果，我感到非常滿足。

●藝人管理工作的秘訣是？

相較其他職業，較能快速得到工作的回饋，所以可以工作快速並開心地做。而且，做了 10 年經紀人後，加上專業性，便能擁有在經紀公司其他領域工作的能力。

●未來的目標是？

看到原本是練習生、在刻苦努力後成為明星的藝人，也讓我努力去找自己的全新可能性。而且，開始工作後，見到很多各階級的人，受到很多的刺激。過去的夢想只是「經紀人」，現在的目標則是包含 K-POP，想推廣更多的韓國文化到全世界。

第 4 章 藝人管理 ● 189

實務訪談

RBW 藝人管理本部
安城希組長

● 現在負責的藝人有？

當現場經紀人的時候，負責過 MAMAMOO，現在是宣傳經紀
人，負責 MAMAMOO 以外，還有 VROMANCE、ONEUS、
PURPLE K!SS、洋蔥、Monday Kiz 等。

● 開始這份工作的契機？

從小就很常關注娛樂經紀公司，所以有了想要在這工作的夢
想。因此，在 RBW 的企劃經紀管理教育過程中，向授課的金
鎮宇代表學習實務課程，就被挖角了。

●進這個組時該具有的資歷？

無論哪一家公司，雖然現場經紀人也要求四年制大學以上的履歷，但大致上不嚴格要求學歷。相對於毫無相關的科系，反而與經紀公司相關領域出來的人，對工作理解力較高，所以也會偏好兩年制大學或節目課程修業生。如果無法重新上大學，推薦去修相關的教育課程。

●這份工作最需要的能力是？

道路經紀人的話，整理藝人行程的能力最重要；宣傳經紀人的話，組織工作的能力最重要。宣傳經紀人不只要面對藝人，還要在電視台等各個媒體做好藝人的 PR，所以擅長公關的話更好。跟其他職業一樣，理論和實務有差異，所以即使學習了專輯製作過程或打造藝人的過程，真正親身經歷的時候也會變得不一樣。

●也有很多女經紀人嗎？

因為主要開車進出電視台的經紀人是男性，所以人們對經紀人有先入為主的偏見，實際上經紀人中，女性佔比 40%。無論如何，女生比男生更細心，失誤少，所以是很好的共事對象。當然，也有體力上辛苦的部分。因為工作非常忙碌，沒有管理自己的時間，所以女經紀人大部分是超短髮造型。

●工作時,感到最辛苦的時候?

擔任道路經紀人的時候,果然是體力部分最為辛苦。因工作的性質,經常在現場上下班,也有半夜上班的時候。因為通勤不容易,所以曾經和負責的藝人同住。雖然成就感大,但身心辛苦的部分也很多,所以希望大家不要只看到華麗的一面就想申請當經紀人。

●工作時,感到最有成就的時候?

作為經紀公司的員工,參與藝人成長過程是最有成就的時候。藝人上台的時候,經紀人也要在場,看到平安完成舞台表演的時候也很心滿意足。

●未來的目標是?

剛開始夢想是成為經紀公司的代表,不過現在變了,目標是平安無事地完成工作。最大的期望是公司和藝人都能平安完成一整天的行程。

5

粉絲管理

與粉絲見面的 ONEWE STUDIO WE: LIVE #6

○ ○ ○ ○ ○

粉絲們的經紀人，粉絲管理

　　無論過去或現在，決定藝人成功與否的關鍵就是粉絲，因為消費藝人的音樂到各種產品的「追星」粉絲團要堅固、長久，藝人才能存活。近來，粉絲的角色漸漸多樣化，也變得積極，特別是偶像的粉絲俱樂部，與所屬經紀公司保持緊密關係，出道或回歸的時候扮演贊助或行銷的重要角色。

　　管理粉絲的工作一般有兩種說法：「粉絲管理」或「粉絲行銷」，經紀公司裡會有一個部門稱作「粉絲管理組」。

　　偶像的宣傳行銷具體化之前，一般粉絲會先組成俱樂部，各自募款以非公開的方式支援藝人。不過，這過程中會產生各種問題，在解決的同時，要更積極與粉絲溝通，提升粉絲的滿意度，讓粉絲與藝人形成良好的關係。所以，粉絲

管理部門誕生了。

　　過去 10 年間，媒體環境有非常大的變化，因這樣的媒體變化，不只是一般型態的電視節目，也多了很多粉絲與藝人可以互相溝通的平台。此外，粉絲專屬發聲及彼此溝通的平台也變多了，因此，粉絲的聲音、要求事項，以及他們生產出的各式各樣二次加工產品快速出現，這變成攸關他們打入國際和成功與否的重點。

　　粉絲透過粉絲俱樂部、群組、社群軟體分享關於藝人的心得與共享情報，將原本影片分段或重新編輯，也會以「照片」的型態擴散作品。

　　以粉絲的立場，接觸藝人相關作品的通路變多，「追星」也變得華麗多樣化，能有各種的享受。不過也會有粉絲們因集體行為而抵制商品，或因為分享錯誤的情報，而對公司或藝人帶來負面的影響。

　　因此，以經紀公司的立場，幫助與支持粉絲追星的同時，也要盡可能積極與縝密管理，以防產生負面影響。

　　其實，經紀公司並非一開始就認知到粉絲管理的重要性。因為是喜愛藝人的粉絲，所以很容易誤以為任由他們肆意散佈二創的作品，能帶來正面的加乘功效；即使有負面意見，仍認為是源於愛意的關係。

不過，如同其他領域一般，不會只有正面的粉絲，也會有極端的粉絲。極端粉絲在粉絲俱樂部的經營組裡製造問題，將批判當成愛意，散佈錯誤的情報。另外，也有可能原本是無條件支持，後來因為一個小事件而傷心，而變成了黑粉；又或是某人無心說出口的話衍伸成無數的流言蜚語、謠言，煽動其他粉絲。

　　即使如此，不變的是，粉絲是藝人站在舞台上的最大動力。現在沒有一個藝人可以在和粉絲毫無互動的情況下成功。粉絲是推廣藝人作品到各地的強力支援者，因此，讓粉絲和公司藝人一起朝同一個方向邁進、互相理解，並獲得更大滿足的最有效率的方法，就是粉絲管理。

　　以 RBW 的情形，目前會使用各種方法與粉絲溝通，也會在決定重要行程事項時進行投票，節目結束後也會有一個藝人與粉絲共同交流的場合。雖然曾經有因為溝通變得困難，以致於發生遺憾的事情，但在公司立場，已經努力透過積極的解釋，讓他們了解藝人和公司方面的想法了。這樣的情形大多源自於誤解，曾經有好幾次為了解開誤會而進行了說明，反而產生更多的誤會。所以，在此就不提及事件的細節了。

　　最後，粉絲、公司和藝人都要在各自的位置上扮演角

色，而且要做到最好，藝人才能維持明星的位置，粉絲才能幸福地「追星」，公司也才能更加發展。忠實彼此的位置，彼此衝突的部分盡可能讓步與理解，往正面方向發展，這樣大家都能更幸福。而這就是粉絲管理組的使命。

為了大家好的中立性

在粉絲管理部門工作所需要的資質有很多，其中最基本的是不能是自家公司所屬藝人的粉絲。

當然，因為曾經是某個藝人的熱血粉絲，所以知道很多大大小小的知識，可能可以說是優點。但是粉絲管理工作需要非常中立，無論是粉絲立場、經紀公司立場和藝人立場都要能充分體諒，偶爾需要妥協時，也要說出可能會令人討厭的話。所以如果只為單方立場答辯，這不能說是正確的粉絲管理。

雖然對藝人而言，粉絲是必要的存在，但在經紀公司的立場，雖然兩方都親近，但也要保持一點距離的關係，因為兩方都很珍貴。

萬一粉絲管理的員工站在粉絲立場執行工作，很有可能

粉絲管理組會議

動搖公司的經營方向或藝人的成長方向；反之，如果只傳達經紀公司的立場，粉絲們有可能因心情受傷，導致「脫粉」的行為。

曾經有經紀公司因為應徵者是所屬藝人粉絲俱樂部的會長，期待他對公司的工作也一樣充滿愛意，因而讓他加入公司，但結果變成懷抱一顆不知道何時會脫粉的炸彈。而且，將公司的各種情報分享給外部粉絲，更是製造出非常大的問題。

另外，若不考量公司或藝人的立場，以主觀立場或單就以粉絲心態工作，有可能在某一刻突然變成比任何人都可怕的黑粉，因此，絕對要制止粉絲俱樂部的人成為員工。

這裡有一個很有趣的插曲。有一位員工，他即使工作做完了，偶爾也會半夜不下班。後來發現，這個員工是某藝人的粉絲，知道這位藝人半夜跑完行程會回公司，所以在公司等他。半夜，藝人回到公司時，這個員工跑過去激昂歡迎後馬上下班了。這位員工彷彿不是為了工作而進公司，而只是為了與藝人見面。以員工的立場來說，進到喜歡的藝人所屬的公司，會認為自己是「追星成功」；但以公司和藝人的立場來看，就會變成非常有負擔的狀況。

公司和藝人所做的事，很多還是粉絲不知道比較好。

雖然每間公司對於是否雇用粉絲的規定不同，但通常是反對的。檢閱投遞到 RBW 的履歷時，會看到有很多應徵者自豪自己是 MAMAMOO 的粉絲，擁有粉絲俱樂部幹部的經歷，然而很可惜的是，這種狀況反而難以被錄取。

因為更需要具備職業意識，在公司與粉絲之間盡全力，以及能為了藝人的成長，中立協調意見的員工。選擇這樣的員工，公司、藝人和員工本人才皆能獲得成長。

○ ○ ○ ○ ○

粉絲管理工作，not 難 but 價值

　　粉絲管理的主要工作是管理粉絲，所以曾經有粉絲團經驗或了解粉絲團的喜好、對話與行為方式、社群軟體活動重點、分享意見的場所與內容，以及對哪一部分有反應，有利於工作。

　　如果不曾是某一個藝人的粉絲，有可能會稍微難適應工作。所以基本上，對藝人或音樂沒有興趣的人也不會申請加入粉絲管理組。

　　粉絲管理組基本要做的事是粉絲團的管理、溝通以及理解他們，還有說服。主要專注於藝人活動中與粉絲接觸的活動，相對企劃組，比較容易上手，所以推薦給剛進經紀公司就業的人。

ONEWE 的面對面粉絲簽名會 1、2

不過，如上述提及，不希望是以粉絲立場進入藝人所屬的經紀公司。

粉絲們的領隊

粉絲管理也可以說是客戶管理。因為粉絲是藝人的主要客戶，所以客戶管理是必要的，也就是粉絲管理的角色。因此，主要工作是在粉絲俱樂部和各種社群軟體平台等進行線上溝通、以及在公開節目、演唱會、粉絲見面會、粉絲簽名會等現場扮演粉絲的領隊。

和粉絲最能直接見面的場合是各種電視音樂節目的公開活動。K-POP 能有現在的地位，至今扮演最大的角色就是公開節目。雖然電視的地位角色縮小，但除了國內之外，仍然會傳遞到全世界，所以無線電視台的音樂節目依然是非常重要的行銷手段之一。

公開節目在電視上播出後，不只是國內，也會在全世界重播，即使過了很久的時間，也會留下紀錄，所以藝人必須展示最佳舞台。再者，藉由舞台，藝人可以發現到自己上舞台前未知的能力。

這時最重要的是粉絲們的反應，即呼喊聲。蘊藏粉絲深厚愛意與熱情的呼喊聲能引出藝人的潛在能力，帶來非常厲害的增效作用，使藝人發揮 120% 至 200% 的力氣。

當粉絲的氣勢、藝人的潛在能力、華麗的燈光，以及舞台的火熱氣氛全部加在一起，展現出本人也不知道的全新模樣，這樣才能發光發熱。

引導粉絲，不單純是把位子補滿，還要引導粉絲們做出更多的反應，幫助藝人成就更好的舞台表現。因此，從彩排開始前激勵他們，傳達並練習應援計畫的事前工作非常重要。

另外，依各個電視台規定，給每位藝人分配的粉絲人數有限，所以必須要提前到現場集合來應援的粉絲，讓他們在正確的時間入場。

粉絲管理組的領隊是公司與粉絲直接接觸的唯一窗口，因此必須維持好照顧粉絲的形象與保持親切，也要維持公事公辦和堅定的態度，以及好好整頓粉絲左右不定的行為。

除此之外，在電視台傳達注意事項預防安全事故發生，如果發生事故，也要從公司的角度積極照顧粉絲。另外也要決定在電視台裡的座位、整理與轉交粉絲的禮物等各式各樣的工作。

引導粉絲的粉絲管理組（上）、粉絲送給藝人的禮物（下）

粉絲俱樂部和自發性管理保護

粉絲俱樂部管理看似簡單，其實要做的事很多。

第一件事是管控貼文和留言。粉絲俱樂部是即時看到他們對藝人的反應的最佳地方，像是參加音樂節目中、節目剛結束和在那之後的幾小時，大眾的反應隨時在改變。因此，粉絲經紀人即時管控反應並給予回饋是非常重要的事。研究要如何溝通與回饋是粉絲經紀人最重要的任務。

第二件事是管理電子郵件。粉絲經紀人一天收到的電子郵件曾高達數百封，其中的內容有簡單的建議事項，但不容忽視的好想法也不少。因為不能單看標題就知道是什麼內容，必須一封一封仔細地看，報告重要的內容或要親自處理，不得不佔用一天工作裡很多的時間。

負責粉絲經紀人工作的員工曾收到一位地方粉絲寄來的電子郵件，表示某個補習班隨意使用我們公司的藝人肖像製作成傳單。看到這封信後，馬上採取法律手段，使那家補習班不能再使用藝人肖像。若不是那位粉絲的信，那位藝人的肖像有可能會一直在那家補習班的傳單上。像這樣告知公司未能發現的肖像權、著作權問題等的郵件很多，所以每一封信都一定要確認。假設公司是父母，粉絲的存在就像保護我

家藝人的親戚。

　　幾年前，RBW 的藝人華莎出演電視節目，她吃著烤腸且到公司附近的烤腸餐廳的畫面獲得超高人氣，但節目卻在毫無相關的賣場裡播放。賣場並未與公司簽訂正式合約，甚至將節目華莎出現的畫面做成看板掛在商店門口，彷彿華莎真的去了那裡好幾次似的。不過，隨意亂用肖像是會有問題的，甚至發展成嚴重狀況。公司必須持續關注，當有侵權的情形發生，給予警告並努力保護公司與藝人的權利。

　　肖像權是藝人和公司非常重要的權利之一，因為肖像權和品牌就是公司的銷售與藝人的收入。非常重視著作權的藝人必須要仔細留意所有音樂和照片，避免被非法侵犯著作權或肖像權。但是公司不可能顧及到每個角落，所以自發性尋找非法行為的粉絲心意，也就成為了非常珍貴的情報。

演唱會等各種活動應援

　　包括藝人的演唱會、粉絲見面會，在各種活動裡照顧粉絲也是粉絲管理組的主要工作。

　　舉辦演唱會與粉絲見面會時，需管理粉絲俱樂部會員的

入場順序或票卷分發。特別是演唱會門票公開販售之前，俱樂部的提前購買福利也不能忘。

除了在現場管理和決定粉絲的入場與退場動線外，也要為了身心障礙的粉絲規劃移動路線和輪椅座位。收集與轉交粉絲送的禮物，以及演唱會現場周邊的花籃擺放，這些都粉絲管理組的工作。

另外，藝人們出演電視節目，也會參與捐贈企劃等社會福利活動，這時候，粉絲管理組要清楚管理財務，以及公告捐贈內容，使藝人和共同參與的粉絲能夠信任。

粉絲管理組也要參與為粉絲企劃的藝人商品。藝人的生日、活動、相關紀念日也要由粉絲管理組、企劃組、經營資源組共同合作，從事粉絲周邊商品的企劃、製作，以及營運與販售。

為粉絲製作的周邊商品不僅可以創造有意義的活動，也能增加公司的收益，但最重要的還是提供粉絲福利。

同樣的，做了周邊商品也要提供粉絲們優先的福利，這跟販售演唱會門票時先給粉絲俱樂部會員預購是同樣的道理。像是專輯、周邊商品、特別版和限量版的提前販售、提前公開等，提供這些福利讓粉絲俱樂部會員們更開心地追星，是粉絲經紀人最重要的粉絲溝通工作。

回歸應援認證照活動

PLANET NINE:
V◉YAGER

JANUARY 04, 2022

EVENT 拍下認證照分享至社群軟體，將透過抽籤贈送特別的禮品卡！

活動時間 2022.1.4 (二) - 2022.1.18 (二)

中獎者發佈 2022.1.20 (四)
RBW SNS (@RBW, Inc @rbw_bridge)

注意事項

* 限定活動期間內上傳社群軟體（Twitter、Instagram、Facebook）的照片。
* 若發現以同一照片重複參加，將取消所有資格，請留意。
* 非公開帳戶將不給予抽籤資格。
* 關於中獎者的個人資訊收集與利用的同意與否，預計個別通知進入程序，通知後7天內未回信，將取消中獎資格。
* 若發生活動中獎商品二次販賣的情形，有可能影響未來往後參加活動的權益。

Event

1 拜訪RBW Lounge Bridge，在「PlanetNine：VOYAGER」右條下拍照！
2 將照片上傳到自己的社群軟體，並標籤# PlanetNine_VOYAGER #RBWLoungeBridge。
3 送10位中獎者親筆簽送專輯！

RBW Lounge 的粉絲活動

進行粉絲簽名會中的 PURPLE K!SS

與粉絲們的相互作用

粉絲管理工作最重要的就是溝通，也就是相互作用，成為粉絲最大的幫助者，也負責快速有效地推廣藝人的作品。這種活動做得非常厲害的粉絲就是 BTS 的粉絲「ARMY」。ARMY 從他們出道初期就透過與藝人的溝通，成為他們堅強的後援者，多虧於此，BTS 的粉絲團是全世界上最具組織性且猶如軍隊般的規模，非常有秩序且積極地活動。

MAMAMOO 也在努力利用各種方法與粉絲們溝通，像是由粉絲投票決定舞台服裝，也會參考粉絲的提案來設計周邊商品。要有這樣的互動，與粉絲俱樂部的連結很重要，粉絲管理組的角色也就跟著重要起來了。

要說與粉絲們互動非常積極的國家，即屬日本。日本的粉絲文化相較韓國更為積極，粉絲見面會活動裡會包括粉絲與藝人的握手和擁抱福利。日本人一旦成為粉絲後，大部分對於這位藝人都會有著強烈的忠誠度，並能持續很久，所以，互動的效果很好，再配合企劃執行各種福利以達到最棒的溝通。

不過，粉絲不會總一直說好聽的話，稍微尖銳但合理的建議也不少。實際上，若經紀公司無法快速掌握這些建議，

也有可能出問題。不僅可惜了好的想法，也會引起群眾不滿的心理，需花更多力氣來解決原本可能很小的事。因此，進行粉絲管理工作時，要有判斷粉絲聲音與意見的觀察力與判斷力。

像這樣的案例特別會發生在文化差異大的國外。2017 年，MAMAMOO 演唱會的時候，一位成員化了黑人妝上台。在韓國，搞笑節目裡常會化黑人妝，並且單純認為只是獨特的裝扮而已；但在美國文化中，刻意裝扮成白人、東方人或黑人會被視為種族歧視。幸好，上傳英文版道歉文，並快速澄清並非惡意，後續問題才沒有繼續擴大。不過相關的影片和節目重播散佈速度之快，還是令人留下心驚膽顫的記憶。

有一次頌樂在舞台上化了印度前額藝術，雖然跟黑人妝一樣，覺得只是不同特色的裝扮，但出現了以其他傳統文化作為興趣使用的「文化盜用、文化專有批判論」等批評。對某些人而言，文化是傳統上具有價值與意義的重要事物，故可能誤以為是為了表演而盜用。在經歷這些事情後，我才了解一個國際明星要非常謹言慎行，與全世界粉絲溝通的同時，也要做好管理，即使是小小的文化差異也不能隨意忽視。因此，粉絲管理組與粉絲的溝通相當重要。

PURPLE K!SS 日本粉絲見面會的握手會（上）/ **ONEWE** 問候會（下）

rbw_official   팔로우

게시물 541   팔로워 198천   팔로우 20

RBW Official Instagram

⊞ 게시물   ⊙ 동영상   ⊠ 태그됨

RBW 的官方帳號

向藝人轉達粉絲的意見

對藝人來說最重要的是全世界的關注，粉絲的關注也包括在其中。所以，藝人雖然想要表達對社會議題的看法，但考慮到後續的影響，即使是 140 字的推文也不容易發。因此，有時藝人希望自己的意見能事先經過檢查確認，此時，粉絲管理組的角色就很重要了。粉絲管理組必須整理、摘錄並上傳藝人想說的內容，任何可能會引起爭議的內容都最好是能提前討論和協調。

除此之外，粉絲管理組也要告知藝人，粉絲對音樂、時尚服裝、舞蹈等的反應。當然，藝人若能直接與粉絲溝通分享意見更好，但實際上藝人不可能一一聆聽每一位粉絲的意見，除了沒有時間以外，也不用全部接收不必要的惡評或好評，如此對藝人的成長並沒有好處。

整理摘錄粉絲的意見轉達給藝人，也是粉絲經紀人的工作之一。若能於平時做好整理的話，會有很大的幫助。

工作最佳化

　　粉絲管理工作包括與粉絲的溝通、收集粉絲的意見、為了增加粉絲數的行銷活動、節目或演唱會的粉絲領隊，以及關於地方或外國粉絲的資源。

　　幫助藝人成長，並提供、散佈資訊的粉絲，可以說是與公司藝人一起共事的同伴。雖然要細心照顧，給予反應和圓融的回饋，但也要有堅持的原則。

　　堅守公司正式的立場，相對於少數，尊重多數的立場。如果因為一位粉絲說不舒服就改口，或是因為是少數幾名熱情粉絲想要就聽他們的，最後只會對藝人和公司帶來損害。

強大的精神與責任感

　　從事粉絲管理工作時，基本要有強大的精神。若沒有的話，會很容易受傷而且難以長期工作下去。雖然給予正面影響的粉絲很多，但也要管理像是「私生飯」這種無法以常識理解的粉絲（譯註：私生飯指跟蹤藝人私生活的粉絲）。

　　幾年前，MAMAMOO 正值宿舍生活的時候，知道粉絲搬到隔壁後嚇了一大跳。這群粉絲們共同募集資金支付保證金和房租，並即時地在粉絲俱樂部內分享 MAMAMOO 出門和回宿舍的消息。私生飯們因過度的愛意，以至於未能考慮到這種監視行為會對藝人造成很大的負擔。

　　最後強制將他們退出粉絲俱樂部，也盡可能讓他們自動退租公寓，終於結束不長的私生飯生活。然而，教育並引導這些私生飯也是粉絲管理組的工作。

　　雖然要強制他們退出很簡單，但要讓他們認知到自己的行為是錯誤的卻是一件不簡單的事。不過不要忘了，粉絲管理組有責任要將走上歧路的粉絲引回正途。雖然需要擁有強大的精神力，但這也是一件很令人滿足與帶來成就感的大事。

　　幸好，最近在粉絲之間也很努力地實行自我管理，雖然有著想要知道藝人一舉一動的念頭，但也能了解過度的監視

是典型的錯誤粉絲文化。

粉絲管理組偶爾要幫助這樣的粉絲，偶爾要對他們採取果斷行動，並且有責任讓藝人和粉絲一同往更好的方向發展。

各種外語和社群軟體能力是必要的

近來，K-POP 韓流的版圖已經拓展到全世界，增加了許多各式各樣的國際粉絲。知名度高一些的 K-POP 歌手們的 YouTube 或 Instagram 上，經常會看到英文留言多於韓文留言的情形。因此，粉絲管理時，如果會英文、日語、中文等各種外語的話，對工作也有很大的幫助。

尤其在國外活動或想看國外粉絲反應的時候，能即時與國外粉絲溝通更好。因為能夠機動性地給予回饋，對於積極維持粉絲團有很大的幫助。因此，粉絲管理組有另外擅長外語的員工，現在也是稀鬆平常的事了。

不需要到母語使用者程度，只要基本上能溝通，並能以粉絲的母語即時給予回饋，將有助於工作範圍的拓展。

全世界粉絲使用的溝通窗口也變得更多樣化。除了 YouTube 或 Instagram，Facebook、Twitter、TikTok 等各種網

路社群媒體數也數不清。對此,需要深入注意的是每個社群媒體或網路社群的特性都稍微有點不同。

特性會從註冊方式開始顯現,所以最好能事前具備相關的知識。以 RBW 的情形來說,這部分也是徵選粉絲管理組員工時會放進面試的考題。在各個窗口,粉絲如何上傳文字和溝通、在某些特定國家用什麼社群軟體發表什麼意見,以及在社群軟體上要用什麼型態的文字來表達等,了解各種社群軟體對工作會有幫助。

實務訪談

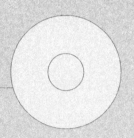

RBW 粉絲管理
鄭勝恩組長

● **目前負責的工作是？**

作為粉絲管理組的組長，負責社群軟體、粉絲俱樂部、粉絲見
面會等藝人與粉絲溝通的線上、線下所有工作。從使用社群軟
體公告藝人的活動，到宣傳節目、演唱會等的行程都是我們組
的工作。

● **現在負責的藝人有？**

我們組負責 MAMAMOO、ONEUS、ONEWE、PURPLE K!SS
等 RBW 所屬的全部藝人，我負責總管。

●開始這份工作的契機？

原本念的是完全毫無相關的科系，偶然看到公告，申請了其他
經紀公司。工作一陣子後覺得有趣，才得知有相關學系，而重
新考取演藝計畫行銷學系，畢業後加入 RBW 已有 8 年。

●加入公司時該具備的資歷？

因為工作的特性，所以學歷不大重要。相較非專門科系的四年
制大學，上過娛樂相關學系或有實習經驗的話更好。粉絲管理
組的情形是人力一直都不足，所以因為學系或熟人介紹而來面
試的情況很多。因為無論如何，要對這個圈子有某種程度的理
解，才有辦法做好工作。

●工作上最需要的能力是？

最重要的是細心的個性。因為所有工作都代表著公司與藝人，
所以連在社群軟體上打錯字的小失誤也可能變成大議題。另
外，包含社群軟體在內的線上窗口使用要在基本以上的水準，
且必須適應，方能做好工作。因為要確認哪裡是否有公司或藝
人的話題，還要進行處理。

●一週上 5 天，有可能準時上下班嗎？

其實，經紀公司的工作不太可能週末不上班或整點上下班，因為節目或活動不只會在平日上班時間進行。曾經工作結束後，為了晚上 10 點錄製的節目，去了電視台，節目錄完回到公司稍微閉眼，早上又開始工作了。

●工作時經歷的特別插曲？

長期工作下來，跟粉絲們累積了情誼。他們會叫我姐姐，也會送我粉絲信，就像藝人般地照顧我，非常感謝他們，也放了感情。沒見到他們時，也會想念他們。這也是我能長久做這份工作的動力。

●工作時，感到最有成就感的時候？

節目、粉絲見面會和演唱會等聚集眾多粉絲的活動平安結束時，會產生成就感與安心感。管理幾千名粉絲是一件很辛苦的工作，但大型活動平安結束、粉絲和藝人都感到心滿意足的時候，工作的成就感就在此刻浮現。

●粉絲管理工作的秘訣是？

因為經紀公司有各種部門，累積經歷後有很多能做的工作，因此，我們組常有人工作後轉到其他部門。我覺得最大的優點是不像一般公司會有無聊八卦的事情，因為能透過藝人將自己想做的好想法試著實現，其獲得的成就感也會很大。

●未來的目標是？

我想壯大我們的組別，提升我們在公司中的重要性，並且獲得認可。為此，RBW 所屬藝人要變多且有所成長。雖然工作辛苦，但我覺得可以獲得更大的成就感且能愉快地工作。

人事管理與經營資源

挑選不特別的人之特別人事組

　　人事組最重要的角色即挑選適合各部門的員工，不過，因經紀公司的特性，相較於工作的目標，更多人是因為對於經紀公司的好奇心而申請應徵，故在人力管理上常會面對許多問題。

　　因此，進公司時，雖然先進 A 部門，其實是想要在 B 部門或 C 部門工作的情形很常見。這樣看來，年資短且想離職的員工也很多，故負責人力的工作頻繁且不易，這也表示很難找到能有韌性且待的久的員工。為了要及時遞補各部門的員工，整年幾乎都在檢視書面資料與面試。

　　一般而言，各部門缺人或需要追加員工時，組長層級的主管會向人事組提出想要的人力要求。這個要求經過負責的

部長和理事，最終獲得人事權力者的確認後，接著發佈招募公告、接受履歷，並於其中面試合適的人選，再進入挑選階段。

人事組負責人要知道要求補充人力的各部門工作與特徵，才能選出合適的應徵者，故必須充分熟知各部門的工作。另外，要掌握每個組別其組長與組員的個性，不僅是個人能力，也要思考哪一種個性的組員適合這個團隊，以利團隊的合作。所以，詳細清楚現在組裡每一位成員的特性，也是人事組的工作。

舉例而言，若企劃組的所有人員都具有創意且強烈的個人特色，那將很難協調意見。若要遞補新的組長層級的人員，最好要考量到組內的氣氛。和擅長統整工作並擁有仔細照顧到每個組員的冷靜個性的組長一起工作，將能發揮好的加乘作用。

不只是個人的職務能力，還要考慮與組員之間的和諧而進行人事作業，這就是人事組最重要的能力之一。因經紀公司的特性，若組員之間能相處和諧融洽或個性上合得來時，確實能發揮好的效果，故以代表、經營者的立場，我認為這部分非常重要。

考慮在那些想進經紀公司的人們眼中，有著對於自己喜

歡的藝人、享受的音樂以及計畫生產的經紀公司的好奇心與關心。對於工作者而言，這或許是理所當然的目標和鬥志，但純粹憑著好奇心而想進公司的人也很多，所以人事組在挑選員工的時候必須更加慎重。

人事組的最終目標是挑選聘僱和藝人、舞者、作曲家，以及各式各樣工作人員溝通相處良好，不果斷、懂得聆聽周圍意見進行調整，並能與上司下屬所有人毫無代溝合作的人。還有那些雖然是因好奇心而進公司，但具備責任與愛意，真心對待自己的工作，即使要在特別的地方工作，也能不標新立異、靜靜成長的人才。

細心的出勤管理

不幸的是，經紀公司相較一般企業有更多的加班，而且也常要在假日工作。只要藝人開始活動，有音樂錄影帶拍攝的時候，不只是企劃組的工作人員，所有相關人員都是不分假日平日、熬夜工作。

因為加班多，也常有一週工作 7 天的時候，造就了員工們彈性工作的環境。因此，負責調整休假日與工作時間的人事

組扮演重要角色。每個部門的特性不一樣，考量到公平性，細心的出勤管理必然重要。

　　加班或特別加班不能說是好的慣例，但數十名的工作人員和藝人在製作一個投入數億元以上的佈景和設備的 M/V，無法整點上下班是經紀公司的現實。於是，需藉由定期與員工們的面談，確認是否過勞，也要共同商議休假、津貼等可調節這種情況的補償。

　　若在稍有規模的公司，人事權力者要知道所有員工的詳細狀況並不容易。事實上。很難去掌握員工們負擔了多少的工作量，哪裡感到辛苦、是否遭受上司的蠻橫態度或員工間的霸凌。

　　因此，人事組的角色之一，是努力協助員工與高層雙方互相理解與掌握情況。若有氣氛不好或產生問題時，事前防範未然或協助解決也是人事組該扮演的角色。各部門的組長和高層也需要經常和員工們見面，盡可能聆聽關於工作與公司生活的大小事。

　　人事組的角色是要在公司立場與員工立場之間不斷地協調。雖然本人也是員工，但如果太偏某一邊思考，終究將無法成為一位好的人事組員工。聽到其他員工的聲音時，一定要努力站在中立的位置上周旋。

偶爾給予等待

　　假設企劃組員工 1 個月內要不斷地思考、製作企劃案，最後雖然確信自己做得很好、可以確實執行，但主管卻不滿意，要求大幅修改。在這種情形下，如果是自我意識強烈的員工，很有可能出現比一般還強烈的剝奪感。

　　這時就是需要人事組的時刻。雖然企劃不被採用是一件令人非常痛苦與挫折的事，但若以此為基礎，一點一滴地累積努力，總有一天會受到認可。這樣小小的安慰，對該名員工而言，很可能會成為繼續把工作完成的動力。

　　即使不是企劃案，適時地諮商並試著理解，如此一來工作壓力就不會一直累積到無法解決的地步，這不僅對公司有好處，對於個人的職涯成長也相當有助益。員工進公司後，如果能馬上適應並提出好的企劃與想法當然很好，但這不是一件容易的事。因此，給予每一位員工證明自己的能力與創意的時間，也是人事組該做的事。

雇用、勞務等契約工作

最近國內製作的電影與 Netflix 作品接二連三地成功，關於雇用契約的討論也變多了。因為強調熱情而不遵守勞動法規的文創產業陋習依然存在，為了讓公司順利地經營與發展，遵守法規是基本中的基本。應該要一一檢討最低時薪、雇用契約、勞動法規等，創造讓員工們更能相信公司的環境。

起點在於雇用契約。經紀公司除了實習生和正職員工簽訂雇用契約外，也追加複雜的自由工作者契約。因為常在作曲家、樂師、舞者、技術人員、M/V 導演等各領域聘僱自由工作者，以共同工作（co-work）的方式進行計畫。過去雖然常以口頭簽約，但現在即使是一次性、短期的計畫，也一定要簽正式的合約。

特別要熟知藝術人士的雇用保險制度，當與自由工作者從事勞務工作時，有義務要做好契約書和雇用保險費。以下為從 2021 年 12 月起實施的藝術人士的保險制度：

① 藝術人士的產災保險

以專案為單位、未簽訂勞動合約的自由藝術家，也可以參加工傷保險，在專業藝術活動中發生的事故，可以認定為

工傷事故,獲得賠償。

② 藝術人士的雇用保險

簽訂文化藝術服務相關合約的藝術家,享有 120 至 270 天的求職補助和 90 天的產前產後補助。但是,在換工作之前的 24 個月中,必須至少有 9 個月加入就業保險才行。

升遷與獎金

人事組之所以重要,是因為他們可以透過對員工的升遷和激勵提出重要意見,對人事制度產生很大的影響。仔細關注理事團或代表理事不知道的事並傳達,客觀判斷幫助員工取得適時的升遷與獎金是非常重要的工作。

從事這項工作時,必須徹底地保密。因為工作的特性,人事組必定會得知員工們的升遷情況以及年終和獎金。若因為失誤而洩露相關資訊,有可能會是一個大問題。所以即使知道也要裝作不知道,不知道也要裝作知道。

員工們可能會覺得自己的工作成效理當獲得升遷或獎金,但這個判斷不是由自己來決定,而是由組長與高層決定

的。假如覺得自己的成果沒有獲得認可，想要提出異議的話，適當地向人事組負責人來表達，而非直接跟組長抗議，效果會更好。

通常會有應該由本人來主張自己價值的觀念，但其實並不是如此。一個人的價值要由周圍的人來判斷與確認，才能真正獲得認同。

毫無理由地要求提高年終獎金，被否決的機率很高。必須要讓周遭的人知道必須提高自己年終獎金的理由，才是最適當的方法。

當然，公司常常無法即時地了解一位員工的價值，因為判斷員工的價值需要花費時間，且要經過各種程序確認。另外，判斷價值的方法與員工個人的想法，也很常會有出入。

人事負責人的角色是讓中間的溝通變得更圓滑，所以員工也要好好地與人事負責人溝通。想要升遷或獎金，在做了相當的努力與產出成果後，透過人事組委婉地提案，是最好的方法。

人事組負責人也要記得並非所有員工都是為了升遷和獎金在努力，因為大多數的員工滿足於做好自己的工作。但這是個人的個性與價值觀的問題，因此也難以做出批判。

假如一間公司只有為了升遷、獎金和更大的目標積極努

力的人，或是只有在工作時間內做好被交派的工作這樣消極的人，那這家公司反而會產生內部矛盾、發展緩慢。適當地混合這兩類的人，企業才能平衡經營，有效率地成長。

人事組的基本態度

工作上，其中最重要的是韌性和責任感。基本上，在挑選人才的時候，辨別玉石最簡單的方法是看這個人的責任感。即使單純是因為好奇心而來，若有責任感，就不會經常離職；即使常離職，工作領域也會有一慣性。以責任感為主，尋找在某一個領域不斷努力累積資歷的人，可以降低失敗率。

除了責任感和基本工作能力外，也要有和藝人與工作人員相處融洽的圓滑性及社會性。在藝人與工作人員之間不被左右、保持工作的中立性，又能保有委婉溝通的圓滑性，是經紀公司中的人事組員工特別需要具備的美德。

如果在人事組工作，經常會聽到每個員工的不滿與不平。企劃組因從 12 小時延長成 24 小時的音樂錄影帶拍攝導致加班；新人開發組因練習生和其父母受到壓力；A&R 因常出

事的藝人而感到辛苦；技術人員需要時時刻刻備份數據與進行冗長的指數化工作，人事組此刻就需要成為他們的避難所。

這時，人事組幫忙協助調整人員間的和解與仲裁，才能合理地解決這樣的狀況。此時要注意的是，像剪刀一刀剪斷般乾淨利落的辦事風格，反而有可能讓人反感。一是一、二是二的方式劃清界線的話，彼此可能會傷了心，工作和諧變得更難了。即使是拒絕請求，也要力求不傷他人的心。人事組的基本態度是要有委婉拒絕的圓滑說話方式，以及能安慰員工、並聆聽他們訴苦的溫暖個性。

另外，需要判斷力和爽快的個性，當聽到艱辛話題時也不往心裡放，只截取工作上所需的部分，果斷地拋棄剩餘的部分，如此才能持續地堅守在人事工作的崗位。

做好人力資源庫

幾週前因為需要員工，在就業網站上貼公告，結果很快就出現合適的人選。已經補上人力後，某一位申請者又寄來了資料。雖然未詳細閱覽，但立即便確信這個人能將工作做得很好。這時候，不能因為沒有空缺就刪除履歷，為了往後

著想，應提前放進人力資源庫之中。因為下次徵求員工的時候，可以先試著聯絡看看。當然，他不可能會無限期地等待某家公司，但有空缺的時候，至少能聯絡一次看看也好。如果真的是錯過會很可惜的人才，向主管報告、一起討論也是好方法。

分享人才

經紀公司圈不大，很多情況下，通常都會有1、2名共同的業界熟人。因此，安排一直處於經常缺乏人才的人事負責人之間的聚會，彼此互相訴苦與分享人才。如果有不錯的申請者，雖然自家公司沒有空缺，也能推薦給其他公司，或從其他公司獲得人才推薦，如果能利用這樣的模式也是不錯的。

○ ○ ○ ○ ○ ○

Top Secret！
適合經紀公司的第一印象

　　經紀公司產業常說「娛樂傾向」，它是幹練又開朗，又同時擁有憨厚的韌性與大膽的創意，很難用文字簡單形容。不過，如果一定要說的話，即「看似感覺不相容的和諧」。

　　事前挑選出適合在經紀公司裡上班且擁有娛樂傾向的人才，以及成功率高的人是人事組永遠的課題。

活潑的氛圍與性格

　　與外貌無關，有的人可以在特定職位上發光發亮。因為

工作時也會受到影響，所以必須要看這個人是否擁有活潑的氛圍與性格。要選擇對於每個問題都先以正向的態度聆聽，並展現出苦惱模樣的人。

偶爾會有表情或語氣低落，或是臉龐整體帶有陰鬱氣息的人，這樣的情形下，大部分會怯場或眼睛無法直視他人，不但只能做不露臉的工作，也會對周圍其他員工產生不好的影響，所以必須慎重挑選。

有禮貌的謙虛

比起學歷，更重要的是需要誠實、責任感、正確的禮貌、謙虛，以及正向的心靈。

無論有多好的文憑，過度自信而自傲，對前輩、上司和同事無禮的話，便不能說是個人才。這樣的人尤其很難和有強烈自我世界的藝人相處融洽。

適當的謙虛或放低自己的身段，可以變成快速成長的原動力。另外，比起安居現狀的性格，以適當的自律之心渴望成功的人，更適合在內外競爭激烈的經紀公司裡工作。

整潔端莊的外貌

　　雖然是很基本，但一定要有整潔的外貌與端莊的穿著。比起完美的化妝或名牌衣服，最先要確認的是指甲、頭髮是否乾淨，以及是否穿著精明幹練的服裝。

　　這與一般的面試沒有太大的不同。背著不合適的大型後背包、身穿皺皺的荷葉邊衣服來面試，即使學歷和性格再好，也難以進入公司。

經營資源組是公司存在的理由

　　公司的最終目的是為了獲得利潤。因此，創造收益、支出各種費用，以及透過各種制度來合理、有效地經營，以此為基礎，將收益分配給公司員工和投資者，讓其能感到滿意、一同成長，即是公司最基本的目標。

　　經紀公司、製造公司、金融公司、服務公司等所有種類的公司，都要有負責收益支出工作的經營資源組，它是企業經營根本中的根本。雖然每個經營資源組的規模不同，但都是公司正常營運與成長所需的部門。

　　一般而言，經營資源組負責管理員工的薪水、編列執行各種活動需要的預算。另外，也要控制費用和投資資金，以提高收益的效率。同時，管理各種財務、會計系統，維持投

資活動和公司的價值。彷彿是在前方攻擊的經營者的後援部隊。

在離老闆與代表最近的地方幫助他們，經營資源組員工基本要懂得工作所需的經營與會計知識，也要求對數字正確性的掌握，以及邏輯性思考、冷靜的判斷力。

稍微特別的經紀公司經營資源組

經紀公司雖然和一般企業類似，但有幾個不一樣的特徵。公司內部進行的各種計畫商品大部分是由人、即由藝人的活動所形成。

除了編列和執行每個專案的預算外，還需要計算盈虧，同時充當專案產生的成本和利潤的窗口，這樣，最終創造出來的就是「藝人」本身。

人不是物品，持續會思考、說話和變化，並且因為有自己的意志，所以很難簡單地用收益和成本的邏輯基礎來說服。另外，藝人感性的一面通常比較強烈，僅靠邏輯思考不僅無法創造出好的產品，專案也很難成功。

相較各種與藝人們在現場合作的 A&R 或企劃組員工，經

營資源組因為跟他們距離較遠，所以也有可能較難與藝人溝通與建立良好的關係。

因此，經紀公司的經營資源組以數字和理論為基礎，也要不斷努力與參與製作計畫、取材，或是決定方向性、概念與藝術性嘗試等藝人相關的活動來建立網絡。雖然與數字或理論沒有直接相關，但經營資源組員工與藝人的溝通，是為了提高對計畫的理解而必備的工作。

況且不僅提高了對數字的關心，也能有效提高理解。舉例來說，請看新發行的 EP 專輯音樂銷售的收益和音樂錄影帶製作費的金額比例。單純看似數字，其中蘊藏音樂錄影帶製作的效率程度；還有，比較這次外聘製作組的計畫費用與上次外聘製作組的費用，也是很好的作法。試著比較每個費用所產生的利潤，也是理解數字的一種方式。

一般企業的經營資源組在工作上不得不保守行事，因為即使錯了 100 韓元，所有的數字都會跟著變動，故工作有很多的限制，也會有枯燥或厭倦的時候。不過，經紀公司的情形是在單調的工作裡，若能努力去提高對藝人和公司計畫的了解，再枯燥的工作都能變得魅力十足且能帶來成就感。

要與藝人與製作工作人員一起密切談論金錢的話題，也是一個非常特別的體驗。就好像一起看藝人的私人日記似

的，往往能帶著成為共同分享憂慮與快樂的閨密般的感覺工作。

確認計畫從頭到尾的收益與費用數字，並提高理解度可謂是對於效率性與合理性的學習，甚至可以在與經營者的密切溝通裡學到經營的心法。所以對於未來想要以創業為目標的員工們，經營資源組是一個越看越有魅力的的職位。

一起工作的挑惕鬼，藝人

對於經紀公司的經營資源組員工，除了數字以外，還有一個非常在意、敏感的部分，那就是親切又果斷地和藝人溝通。

當藝人還處於新人時期時，不會太關心費用的問題，一旦上了軌道後，就會對支出與收入產生興趣，也變得更敏感，例如專輯製作費、音樂錄影帶拍攝費、服裝費等。若在這時傷了一點情感，除了短期計畫外，對專屬契約等也會帶來影響，其效果波及的範圍可能會變得非常地廣。

藝人非總是有很多的收入，收入多的時候雖然多到嚇死人；但完全沒有收入的時候，就別無選擇，只能仰賴公司。

對藝人來說，無論出於興趣還是為了謀生，談論金錢話題都不容易，但只要一開口，最先接觸的地方就是經營資源組。因此，與藝人對話要以親切為基底，形成「果斷的信賴」，才能持續一起工作。建立果斷的信賴基本需要準備明確的根據和資料。

可是，若只有果斷而缺乏親切，還是徒勞無功的。無論資料多明確，少了讓藝人理解的那份努力，就會在情感層面上產生問題。這部分以經營經紀公司的立場而言，是非常辛苦與困難的問題。

因此，經營資源組要親切地說明藝人好奇的部分，也要讓他們充分理解公司的立場。如同銀行的櫃檯一樣，要有正確的原則同時也保持親切的態度，這就是經紀公司經營資源組辛苦但有魅力的工作之處。

若是公司所屬的藝人，不可能只有其中一方獲益，所以不能成為貪心的公司或貪心的藝人。公司要為了相對投資金額的高利潤率努力，藝人要為了實現自己的夢想而拚盡全力，經營資源組居中負責協調是必經的過程，兩頭的兔子都要抓到才行。理論與情感，我想這是經紀公司經營資源組永遠的課題。

○ ○ ○ ○ ○ ○

經紀公司四種有趣的收益

藝人經紀管理的收益

　　經紀公司最基本的收益是「經營」藝人而獲得的收益。一般而言，指的是藝人出演電視節目、活動、廣告等所獲得的收益。這份收益可分為節目演出收益、活動演出收益、廣告模特兒收益等好幾種，各自有一些不同的特性。

　　演出音樂節目、綜藝節目而獲得的演出費為節目演出收益；參加大學活動慶典與企業活動等 30 分鐘至 2 小時的表演為活動演出收益，這屬於一次性收益。另外，參與電影或電視劇的原聲帶、精選專輯或以配音演員的身份參與廣告，也都屬於單次演出、錄音而產生的收益。

演出電視劇、電影、音樂劇等獲得的收益也跟上述談及的收益類似，但在這情形下，要在非單次的契約期間內演出好幾次，才能完成工作，故與單次性收益有點差別。簽訂多次性演出並執行的情形，通常會附加演出期間不得同時演出相似表演的條件。因為大部分的這類表演都是投入高額的製作費，故若違約的話，會有鉅額的罰款，因此仔細地審查是必要的。

　　經濟管理收入中，其中廣告模特兒收益的性質稍微有點不同。一般而言，拍攝會在一定的時間內、1 至 2 次結束，差別在於要持續作為品牌的宣傳大使。與節目和活動不同，合約到期時間是長達幾個月或幾年，期間內廣告商可以使用肖像權或文創產品。除此之外，因追加不參與違背廣告的活動或使用競爭對手產品的條件，合約期間也要在某種程度上涉入藝人的私生活才行。

　　很特別的一點是，進行歌手活動的藝人演出音樂節目，一般會將其視為宣傳行銷活動，而非收入。為了讓藝人演出音樂節目，要花的費用比想像的高出許多。服裝與飾品製作、風格造型、髮型、化妝等，在某些情形下，花費會是演出報酬的好幾倍。

　　再者，如果音樂節目有要求特定的風格概念，也必須要

配合，這時候要追加人工費、伙食費、交通費等。所以，與其將演出音樂節目視為利潤來源，更像是創造其他收益的入門磚，因此才會視為一種行銷的手段。

公演收益

企劃公演與執行是藝人們都能感受到的魅力，因為這是一個好機會，能在與粉絲最靠近的地方見面交流。因此，眾多歌手耗費時間、努力與費用，舉辦單獨演唱會，或為了1、2個小時的表演，參加遠在鄉下或國外的音樂節。

擁有人氣與實力，作為嘉賓參與有知名度的節慶活動，大部分是收取一定金額的出場費，所以過程很簡單。反之，節慶活動的概念或行程往往都已經事先決定，難以配合藝人想要的節目或時間進行。節慶活動的人氣要高，相關收入才會跟著增加，但很難在事後要求追加出場費。因此，這種活動的出場費大多是事先談定，與節慶活動的成功與否無關。

單獨演場會的情形是，雖然可以照自己想要的形式進行公演，但也要負起承擔舞台與節目構成、嘉賓與樂師的涉外邀約所有費用與整體概念的風險。另外，如果門票銷售的不

錯，可以獲得高收益；但如果票房低迷或因特殊事件導致演唱會進行變得困難，損失也是非常大的。

像這樣還要承擔風險，所以準備公演時，經紀公司和藝人的意見必須要縝密地協調。因此，某種情形下，舉辦演唱會時也會支付自家公司藝人一定的演出費。這樣下來，風險由公司承擔，藝人也能以更平靜的心情準備公演，公司也能期待公演成功結束時得到的附加收益。

演唱會時，除了門票銷售外，也能增加贊助商、周邊商品、DVD 和線上版權等的額外收入。除此之外，也能藉由提供邀請函，在演唱會前後播放廣告影片，或以網路電視、串流、DVD 等形式販售公演影片來增加收益。

當然，一般而言，販售這個要與擁有權利的藝人和代理公司簽訂追加契約，跟單獨演唱會或音樂節的情形相同。

這時，具體看演唱會花費的支出，包括演奏者與樂師的涉外邀約、租賃設備、編曲費用、表演衣服費、妝髮費、技術人員、保險費、拍攝記者費、租賃樂器、發電車、清潔費、海報影印費、保鑣費、執行人員與各種雜項支出、飯車、慶功宴費用、住宿費、特殊效果費用、演出費等，非常多樣化。

盡可能精打細算這些費用與支出，還要確認預算是否有

好好使用、保存明確的收據明細、整理門票銷售與整體費用支出，製作實際的損益表是 A&R 員工、企劃組和經營資源組的職務。

有時經紀公司並不會親自舉辦演場會，而是外包給代理公司，這時能減少舉辦演唱會的風險。經紀公司只需要和藝人協調演出費，門票銷售、行銷等部分，關於公演製作的全部細節都交由大型活動公司負責。

這時，演唱會代理公司、藝人和經紀公司要彼此協議公演製作的投資規模，努力不讓任何人造成損失是合理的。活動公司不能讓藝人和經紀公司支付過高的舞台費用，藝人和經紀公司也要避免活動公司過度專注於門票銷售。彼此合作努力不讓某一方在準備上有所疏忽，才能成就一場成功的演唱會。

另外，也有外包開演唱會的情形，這時候能無風險地舉辦演唱會。外包的情況包含廣告代理公司、廣告商、活動表演企劃公司、活動代理公司、大學，甚至高中，這時候要注意的是外包給大學學生會的情形。大學學生會不是一般的企業，所以有可能受到收益與稅金相關的逃稅誘惑，這時擔任把關角色也是會計組不可或缺的能力。

藝人的收入可以分為演出費和營收分潤（Revenue Share，

公演中的 MAMAMOO

2021 WAW 演唱會 THE MOVIE 海報

RS）。平常說的演出費是確定的收益，如同字面上的意思，即使虧損也要支付預定的金額。反之，營收分潤與演出費不同，因為要看最後的損益，所以事先無法確定金額。近來，模特兒費用以營收分潤方式簽訂的情況已經多於演出費。因為簽訂營收分潤有風險，更要看好其未來的發展性，也要縝密評估風險再決定比較好。

智慧財產權與製作收益

經紀公司的智慧財產權（Intellectual Property，IP）是音樂與影像收益、是將藝人品牌化販售的授權收益。

其中，音樂收益是代表性的版權（鄰接權）收益，製作音樂發表公佈後，往後 70 年間能夠持續獲得這份收益，所以是經紀公司基本收益中的重要部分。

20、30 年前著作權保護觀念尚未成熟，版權收益主要以唱片銷售為主。但是，雖然現在唱片也很重要，但也能在各式各樣的銷售點與平台上，以音樂的型態獲得營業額。MELON、Genie、YouTube、NAVER 等，無論哪一個音樂平台都是能創造收益給經紀公司和藝人的地方。

近期，音樂影片也成為收益的一部分。可以線上串流或下載音樂錄影帶或表演影片，並透過平台獲得廣告收益。

最近演唱會的影片也會在電影院上映，以經紀公司的立場，重新編輯錄製好的影片，藉由上映創造附加收益，有正面的效果。2021 年 12 月 MAMAMOO 的「WAW 演唱會 THE MOVIE」在 CGV 以電影作品上映了，並且也進行藝人親自上台問候的活動。

以下講述原始著作權與鄰接權的差異。

偶爾在節目上聽到有名的作曲家因著作權而賺了多少錢，成為話題。作曲家到底是以什麼樣的機制獲得收入呢？另外，唱歌的歌手又能賺得多少的收入呢？這可以用原始著作權、鄰接權和實際表演權說明。

首先，原始著作權指的是樂譜狀態的歌詞、歌曲、編曲等，往後 70 年間可以獲得收益的最基本著作權。

因為樂譜狀態的歌曲無法獲得商業上的收益，所以必須要製作成音樂後才會產生收益。拿著樂譜，演奏者們演奏、歌手唱歌，經過混音和母帶處理後形成大眾能夠消費的販售型音樂型態，這個可以販賣的音樂版權就是鄰接權。

以電影來說，電影腳本作家擁有的故事著作權為原始著作權。經由演員、導演和工作人員的各種編輯，製成可以在

電影院播放的影片，這個影片上映的權利，即可以理解為鄰接權。

電影版權大部分由電影公司所屬，所以音樂也一樣，鄰接權會歸屬於投資所有製作的製作公司，以及藝人的所屬公司。

這樣產生的全部著作權收益接著再依比率分配。流通公司、通信公司等除外，只看權利人擁有的比率。假設作詞家、作曲家、編曲家的權利總加起來的原始著作權人獲得的收益權利是 10，身為鄰接權的製作公司擁有約 48% 的比率。除此之外，鄰接權又分為掌握權（製作公司）和實際表演權，演奏音樂的演奏者和歌手作為實際表演權人，擁有約 5% 的比率。例如一位作曲家、一位作詞家、一位編曲家參與製作歌曲，作曲家因著作權費獲得 100 萬韓元時，製作公司則因鄰接權費獲得約 1,152 萬韓元。

周邊商品販售收益

經紀公司販售的物品中，除了 CD 專輯以外，剩下還有周邊商品。製品，是包含材料選定、企劃、設計到製作的完整

LED 7color

無線控制時
LED 256color

搭載震動模式

無線控制

ONE BUTTON
基存的電源/模式兩種按鍵改
為一個按鍵,帶來更簡潔的設
計,並提高使用者的便利性。

15%

[HWA SA] MARIA
~~21,000 KRW~~ **17,800 KRW**

[MAMAMOO] BLOSSOM
CHILDGAMSUNG
15,000 KRW

[MOON BYUL] MOON BYUL's Birthday
Broach
22,000 KRW

[Director's Cut] BADGE
10,000 KRW

17%

[MOON BYUL] C.I.T.T (Jerry ver.)
~~14,300 KRW~~ **11,900 KRW**

17%

[MOON BYUL] C.I.T.T (Cheese ver.)
~~14,300 KRW~~ **11,900 KRW**

MAMAMOO 的 MOOMOO 螢光棒、專輯和周邊商品

過程；商品，則是為已經完成的製品再加上一些加工，使其具有商業價值。製品與商品若以演唱會來比喻的話，親自企劃單獨演唱會與演出是製品；在音樂節等已企劃的節慶活動上唱歌則是商品。

製品因為工程複雜又要花很多費用，風險較大，所以一般的經紀公司多以商品形式為主，製作周邊販售。公司內部有相關製品部門的情形下，在內部製作商品；沒有相關部門的情形下，便與外包製造公司合作訂購生產後販售。做好的周邊商品通常會以該藝人的粉絲為對象銷售。基本的包括藝人的寫真集，還有新年月曆、聖誕節限定禮品組、演唱會海報、有照片或簽名的馬克杯等，種類非常多樣。

與過去不同的是，隨著粉絲的需求，周邊商品的種類越來越多樣化，製作方法也變得很多樣，所以必須細分與決定其收益佔比，而這也是經營資源組的工作。

只給外包公司許可權，製造可販售商品而產生收益可視為著作權收益，在公司內部親自製作商品販售的情形下，則視為商品販售收益。

只給許可費用購買一部分做好的商品，由公司親自銷售的情形下，可以視為不與藝人分配的流通收益；以製造公司的企劃完成的商品，在藝人單次演出後變成販售商品的情形

下，可以分為公司收到的藝人演出費和經紀管理收益。

　　因此，經營資源組要慎重審查已產生的收益並詳細區分和決定。因為要根據 IP 收益、經紀管理收益、商品販售收益等，區分營業項目，探討經紀公司和藝人的分配率。

　　商品正在逐漸進化與多樣化，其對象不僅限於化妝品或服裝類，也擴大至手機程式、遊戲等線上線下整合的服務。經營資源組要持續學習配合各種商品多樣化的正確收益認知，不斷為極大化收益努力。

　　舉例而言，MAMAMOO 演唱會的時候，粉絲使用的MOOMOO 螢光棒是製品還是商品？因為全程參與設計和製作，所以可以說是製品；但另一方面又並非直接獲得收益，而是透過仲介公司結算，所以也能說是商品。近來，因為中間要經過仲介公司，所以製品和商品的區別也更加模糊了，會計組的煩惱也可說是越來越大了。

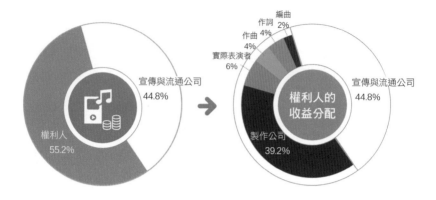

實務訪談

CONEXU 李尚煥代表

前 CJ ENM，HYBE（舊 Big Hit）人事組組長

●目前負責的工作是？

正在經營一家以文創產業為主的 CONEXU，CONEXU 負責製作與提供 K-POP 相關經紀產業與節目媒體文創節目，同時也經營約有 4.4 萬名會員的 NAVER CAFÉ「ENJUNMO」的社群產業。另外還一邊投資音樂商標、藝人、音樂，一邊著手 IP 產業。

● 開始這份工作的契機？

2007 年準備就業的時候，曾苦惱過要往自己平時有關注的音樂產業？還是要往高年薪的地方？因為當時想要嘗試看看自己有興趣且有藍圖的工作，因而進入 CJ Mnet 人事

組，並確信這份職務非常適合自己的職業性格。之後，在 Netmarble、JTBC、Big Hit 等的人事組工作後，自我創業成立「CONEXU」。

● 這份工作最需要的能力？

很多人以為娛樂經紀產業是非常新潮的，實際上，經紀公司是非常倚賴人力的產業，因為任何一個部分都不能以 AI 或機器人取代。因此，我認為提高自己負責的工作完成度，是在不可替代的職業裡最需要的能力。

● 工作時最印象深刻的點？

在 CJ Mnet 做了很多招聘工作，不過是以表演場地代替大學進行說明會。在公司所屬的表演場地追加所屬歌手們的表演、與現職人員的對話、宣傳紀念品，以演唱會的形式進行，反應非常好。因為在當時是非常新穎的形式，輿論上也獲得很好的評價。

● 經紀公司工作的秘訣？

如前述，因為這是一份十分倚賴人力的工作，所以很可惜的是，工作時間不可能只是從 9 點到 6 點，而且要做很多努力

來提高工作的完成度。雖然很難找到工作與生活的平衡，但只要能獲得一次的認同，便能累積無法取代的職涯經驗。我剛開始從事這份工作的 2007 年，這個產業正處於成長期，現在更已經變成高度成長的產業了。產業擴展越大、人也會越有所進步，所以即使是現在才開始，也能累積稀有的職涯經驗。

● **工作時最有成就感的時候？**

CONEXU 有各種教育項目，也在進行準備進入經紀公司的線下講座。每個月進行音樂產業、職務介紹、自我介紹、面試班等項目，經歷 30 個月至今，約有 200 名學生成功在國內經紀公司就業。想到幾乎所有經紀公司都有我們的學生，就感到非常得意。

● **工作時最感到辛苦的時候？**

因為是教育產業，所以對每一位員工都細心照顧，也認為自己盡了全力，但每當有人表明辭職意向的時候，心都會感到疲累。因為無法立即提高他想要的年薪，所以也無法留住他。因為是重視創作或企劃力的文創產業，所以求得合適的人才不易，但又沒有辦法阻止對方辭職，真是不容易。

● 進入經紀公司時該具備的資歷？

由於經紀公司的發展專注於前進國際與成功，所以偏愛適合國外活動的人才。因此，比起過去更重視英文實力。即使不是非常流利，但也要有進行國外活動時所需的溝通能力。除了國外巡迴演唱會負責人之外，A&R、行銷組等也都要在國外進行活動，雖然每個部門有差異，但若想在大型經紀公司工作，英文實力是最基本的。

● 準備進入經紀公司時，作品集的重要性？

就業經紀公司時，最大的特徵是跟工作相關的作品集。申請製作企劃組的情形下，要準備能夠凸顯工作能力的作品集，如公司所屬藝人的下一張專輯企劃案等。不用說也知道一定要繳交作品集，所以其實比一般的大企業來說，要準備的東西更多。另外，不像其他領域有很多的實習機會，所以作品集的重要性更高了。雖然經歷不足，但對工作有自信的話，盡可能提高作品集的品質，將離合格更進一步。

● 準備進入經紀公司時，年紀重要嗎？

由於 K-POP 的人氣很高，申請加入經紀公司的新進年齡層也提高了，所以年紀不是一個重要的考量因素。即使在一般公司，4 到 5 年工作資歷的員工的薪水也在下降，但仍然有人就業。如果正在考慮加入經紀公司，建議儘早接受培訓，做好就業準備。事實上，我們的學生中，也有 34 歲成功進入 RBW 成為新員工的例子。

● 未來的目標是？

決定進入經紀公司是非常辛苦的事，對專門科系出身的人沒有優待、年薪也不高，工作時間長、工作又很辛苦。但是，相較之下，我更想努力幫助想要在經紀公司產業上班的人們實現自己想要的目標。現在我們是國內經紀公司相關教育機構中，擁有最多的合格者的公司，不過，未來我想要製作更多好的項目讓更多的學生實現目標。

實務訪談

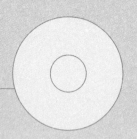

任淑京常務
DSP Media 經營資源本部

● **目前負責的工作是？**

現於 DSP Media 經營資源部從事會計與藝人結算工作 22 年。
除了公司內部的會計資金，也負責藝人的結算與結算會議。

● **開始這份工作的契機？**

大學畢業後，在建築公司上班，因好友介紹而進入 DSP Media。
雖然 DSP Media 是 Fin.K.L、水晶男孩、Click-B 的所屬經紀
公司，但當時經紀公司的形象並不好，包含我自己，周圍的意
見也是要我不要去。我苦惱了 3 個月，因為相信當時請我進去
的 DSP Media 組長，所以決定加入了。

●工作時最感到辛苦的時候？

因為公司有好幾次的危機，也曾做好停業的覺悟。代表理事
換人的同時，管理部的角色擴大、工作變多，曾經很辛苦。
不過，最辛苦的是稅務調查。經紀公司算是常被稅務調查的對
象，強度猶如扣押搜查般。PD 和經紀公司有勾結關係時，也
要到大檢察廳接受調查，寫數十張的陳述書，甚至我的帳戶也
被搜查。22 年瞬息萬變，話題很多，所以才能在一個公司工作
這麼久的樣子。

●工作時最有成就感的時候？

雖然看起來是很華麗的職業，但無論是藝人還是練習生，常常
出現經濟非常困難的情形。因為被大眾認識，所以也不能做一
般的打工，所以會常受到誘惑想要放棄。像是團體「KARD」某
一位成員的家在美國，但因為好一陣子不能獲得好的迴響，所
以想要回家。但透過諮商，最後決定繼續進行活動。簡單比喻
的話，就像開麵店一樣。

●進入經紀公司時該具備的資歷？

最近，相較於學歷，基本人品更重要。因為即使工作層面上稍
微不足，想要努力學習的正向態度更重要。不知道是不是因為
慎重挑選的緣故，雖然我們部門是最辛苦的，但離職率非常

低，我們部門的菜鳥已工作 7 年。雖然也有人是因為喜歡藝人
而非企業而進入公司，但如果因為現實與自己的想像不同而失
望的話，對工作也會有影響。所以，應該要將焦點擺在工作而
非藝人上，才能長久持續並獲得好的成果。

● **申請者若有該經紀公司藝人的粉絲經歷？**
與其他部門不同，經營資源組因具有保守工作的氛圍，所以不
會挑選粉絲。因為經營資源組是以管理整個公司的思維為基
礎，制定其他員工遵守規則的部門。

● **一週上 5 天，可能準時下班嗎？**
通常是準時上班，但工作繁忙的時候也要加班。除了與藝人結
算以外，和一般公司的會計部門沒有太大差異。即使是經紀公
司，相較其他部門，會計部門做的是一般工作，所以上下班也
跟其他公司相同。

● **這份工作最需要的能力？**
需要有能夠清晰制定與分辨結算標準與守則的能力。當團隊一
起吃飯的時候，每個人的費用是一起計算的，或是個人行程產
生的費用是否計入團隊費用中，每一次處理的方式都不同。如
果有經紀人或隊長公平處理的話，可以很簡單地解決，但也常

有不是如此順利的時刻，此時的費用結算要盡可能地公平。實際上，也會有藝人或其父母來申訴，因此，所有的結算透明化是最基本的。

●未來的目標是？

因為工作的對象是人，所以有很多辛苦的地方，也曾想過要辭職。但是，工作久了、掌握到工作的流程，成就感也很大。參加結算會議的同時，聽到藝人、其父母和稅務師說沒有一家公司像 DSP Media 一樣清楚地提供結算報告時，也會感到自豪。未來希望與之前一樣，自信地比任何一家經紀公司都透明公正、努力工作。

團體「KARD」的巴西巡迴

【後記】
韓國經紀公司產業的未來與展望

K-POP 的版圖正在擴張

在寫書的途中,也能透過皮膚確實地感受到 K-POP 的世界版圖正在擴張。在東南亞和美洲一部分國家可以見到的銷售額,如今也出現在大部分的歐洲國家、中東與非洲。一眨眼,K-POP 正在快速成長。

以前大部分是以韓國的音樂排行榜、音樂節目第一名為目標來製作,如今,國際熱門才是目標及未來藍圖。思考文創製作方向、藝人形象、創意關鍵字等的時候,也要以全部北美、歐洲等國際粉絲為中心思考。與不到 5 年前相比,模樣變化極大。

競爭變得激烈

市場變大,超級明星不斷湧現,現在國際大眾要求的商品品質也改變了。如今,K-POP 不再是「宛如 K-POP」或「只

有韓國人能懂的特別與魅力」，而要與擁有歷史更長的美國、英國的流行音樂在同樣的條件上競爭。因此，必須跟任何一個國外藝人相比都絲毫不遜色才行。如果只關注國內需求來打造藝人的話，是沒辦法生存的。所以，這個世界已經變成要花費好幾倍的投資與心力，才能確實提高成功機率。不過，市場變大，也不能只是開心拍手叫好，因為相對風險也變大好幾倍。

需要新穎思考的工作人員

變化快速的市場、多樣化的粉絲，以及媒體環境的轉變，為了面對這些變化與應對未來，經紀公司產業需要準備好的年輕人力。國際十幾歲青少年的流行文化每天都會改變，連要推測今年秋天會流行什麼都有困難。經紀公司需要這種不失「十幾歲樣子」、能理解他們並快速掌握到這個世代的需求的工作人員。

以前經常是作曲家、經紀人、作詞家等擔任製作人。但現在不是，最懂粉絲心情且可以快速看出十幾歲青少年要求，並反映在製作上的工作人員，才能成為製作人。因為需要這樣才能提高成功率，世界已經變了。

第二個 BTS 在哪裡

我認為第二個 BTS 不會出現在具備制度與資本的大企業裡。雖然會覺得大型經紀公司能不斷生產出擁有一定程度成功機率的團體，但我確信這種逆轉勝的團體很難再次出現在一個有規模的經紀公司。

原因是因為有系統了。A 級作曲家、A 級舞蹈家、A 級造型師、定型的宣傳行銷法則、巨大的資本可以是打造明星的最佳製作系統，即成功率最高的方法。不過，反過來看，也可以說只是最不會失敗的機率，也就是風險減到最低的製作方式。

要像 BTS 一樣成為改變世界的團隊，至少要有新的工作人員、新的思維方式，以新方式徵選及製作音樂，並且以新的方式回應粉絲，還有創作上的冒險與挑戰。我相信唯有在這樣的製作團隊與經紀公司裡，才有辦法誕生第二個 BTS。

國家圖書館出版品預行編目（CIP）資料

K-POP 韓流與他們的產地：從攻佔國內排行榜到引領全
球風潮，韓國娛樂經紀公司如何打造世界級藝人 / 金鎮
宇（김진우）著;陳彥樺譯. -- 初版. -- 臺北市:商周出版:
英屬蓋曼群島商家庭傳媒股份有限公司城邦分公司發行,
民 112.12
　　面;　公分.
譯自：엔터테인먼트사의 25 가지 업무 비밀
ISBN　978-626-318-966-9（平裝）

1. CST: 流行音樂　2. CST: 娛樂業　3. CST: 韓國

489.7　　　　　　　　　　　　　　　　　112020009

新商業周刊叢書　BW0839

K-POP 韓流與他們的產地

從攻佔國內排行榜到引領全球風潮，韓國娛樂經紀公司如何打造世界級藝人

原 文 書 名／엔터테인먼트사의 25 가지 업무 비밀
作　　　　者／김진우（金鎮宇）
譯　　　　者／陳彥樺
企 劃 選 書／陳冠豪
責 任 編 輯／陳冠豪
版　　　　權／吳亭儀、林易萱、江欣瑜、顏慧儀
行 銷 業 務／周佑潔、華華、賴正祐、吳藝佳

總　　編　　輯／陳美靜
總　　經　　理／彭之琬
事業群總經理／黃淑貞
發　　行　　人／何飛鵬
法 律 顧 問／台英國際商務法律事務所
出　　　　版／商周出版　台北市中山區民生東路二段 141 號 9 樓
　　　　　　　電話：(02)2500-7008　傳真：(02)2500-7759
　　　　　　　E-mail：bwp.service@cite.com.tw　Blog：http://bwp25007008.pixnet.net/blog
發　　　　行／英屬蓋曼群島商家庭傳媒股份有限公司城邦分公司
　　　　　　　台北市中山區民生東路二段 141 號 2 樓
　　　　　　　書虫客服服務專線：(02)2500-7718．(02)2500-7719
　　　　　　　24 小時傳真服務：(02)2500-1990．(02)2500-1991
　　　　　　　服務時間：週一至週五 09:30-12:00．13:30-17L00
　　　　　　　郵撥帳號：19863813　戶名：書虫股份有限公司
　　　　　　　讀者服務信箱：service@readingclub.com.tw
　　　　　　　歡迎光臨城邦讀書花園　網址：www.cite.com.tw
香 港 發 行 所／城邦（香港）出版集團有限公司
　　　　　　　香港九龍九龍城土瓜灣道 86 號順聯工業大廈 6 樓 A 室
　　　　　　　電話：(825)2508-6231　傳真：(852)2578-9337
　　　　　　　E-mail：hkcite@biznetvigator.com
馬 新 發 行 所／城邦（馬新）出版集團【Cite (M) Sdn. Bhd.】
　　　　　　　41, Jalan Radin Anum, Bandar Baru Sri Petaling, 57000 Kuala Lumpur, Malaysia.
　　　　　　　電話：(603)9056-3833　傳真：(603)9057-6622　E-mail: services@cite.my

封 面 設 計／FE 設計　　　　　　　內文設計排版／林婕瀅
印　　　　刷／鴻霖印刷傳媒股份有限公司
經　　　　銷　　商／聯合發行股份有限公司　電話：(02)2917-8022　傳真：(02) 2911-0053
　　　　　　　地址：新北市新店區寶橋路 235 巷 6 弄 6 號 2 樓

■ 2023 年（民 112 年）12 月初版

엔터테인먼트사의 25 가지 업무 비밀 (ENTEOTEINMEONTEUSAUI 25GAJI EOMMU
BIMIL) by 김진우 (Kim Jin Woo)
Copyright © Kim Jin Woo, 2022
All rights reserved.
Originally published in Korea by Minumin Publishing Co., Ltd., Seoul.
Complex Chinese Translation Copyright © Business Weekly Publications, a division of Cité Publishing Ltd. 2023
Complex Chinese translation edition is published by arrangement with Kim Jinwoo c/o Minumin Publishing Co., Ltd.,
through Eric Yang Agency

Printed in Taiwan
城邦讀書花園
www.cite.com.tw

定價／ 460 元（紙本）320 元（EPUB）
ISBN：978-626-318-966-9（紙本）
ISBN：978-626-318-967-6（EPUB）　　　　　版權所有‧翻印必究（Printed in Taiwan）